湖北紫荆

张　林　焦自龙
刘双枝　等编著

U0310988

中国林业出版社

图书在版编目（CIP）数据

湖北紫荆 / 张林等编著. —北京：中国林业出版
社，2019.9

ISBN 978-7-5219-0184-9

Ⅰ.①湖… Ⅱ.①张… Ⅲ.①豆科—观花树木—
栽培技术 Ⅳ.①S685.99

中国版本图书馆CIP数据核字（2019）第167294号

中国林业出版社

责任编辑：印 芳 邹 爱

电话：（010）83143571

出版发行	中国林业出版社 （100009 北京市西城区德内大街刘海胡同7号)
印　　刷	固安县京平诚乾印刷有限公司
版　　次	2019年9月第1版
印　　次	2019年9月第1次
开　　本	710mm×1000mm 1/16
印　　张	12.5
字　　数	300千字
定　　价	98.00元

前言

　　紫荆在我国栽种应用已有上千年历史，紫荆文化涵盖了家国故园、手足情深、至真爱情。紫荆的花朵由十几朵单花组成，几十团花朵密布于枝条上又形成了美艳动人的花枝，歌曲中唱道，"五十六个民族，五十六朵花，五十六个兄弟姐妹是一家"，不论是魏晋时代的三田哭荆，还是现代的香港市花洋紫荆，紫荆文化都始终印刻在国人心中，是珍贵的植物文化瑰宝。

　　紫荆属是豆科云实亚科下的一个属，现已发现全属共有九个种，国外有四种，国内有五种。国内的五种紫荆中，广为人知的是紫荆，多呈灌木状；其余四种紫荆中，除黄山紫荆为灌木外，垂丝紫荆、广西紫荆和湖北紫荆均为乔木，而观花效果最为突出的乔木状紫荆，正是湖北紫荆。

　　湖北紫荆广泛分布于华中、华东、华南和西南等地区，也称云南紫荆或巨紫荆。国内最早对湖北紫荆新品种选育与推广的是河南四季春园林艺术工程有限公司，公司董事长张林被业界称为"紫荆树之父"。

　　本书除对紫荆属植物与紫荆文化进行系统论述外，还着重介绍了湖北紫荆原生种及其新品种的选育、繁殖与标准化生产等内容，这些内容多数为四季春园林十几年来的学习总结与科研成果，具有较大的学术与商业价值。

　　本书是国内首部以湖北紫荆植物为介绍主体的树木学书籍，是作者献给广大读者的一份图文礼物，希望读者能够在书中有所启发有所收获。截止到目前，关于紫荆属植物的专业介绍还比较少，可参考的文献资料也没有很多，加之成书仓促，书中难免有错误或不成熟之处，若读者在阅读本书时发现，还望批评斧正。

　　参加本书的编者还有高宝珠、赵艳冰、李炳军、梁臣、王乐平、赵玉荣、张玉焕，感谢他们的辛勤付出。同时还要特别感谢河南农业大学李炳军教授提供的数据分析报告。

著　者

2019 年 8 月

目录 / CONTENTS

第一章　紫荆属植物系统学

"鹰击长空，鱼翔浅底，万类霜天竞自由。"现今地球上生存着的数以万计的各种动物、植物和微生物构成了庞大繁杂的地球生物系统。

1 题引

"鹰击长空，鱼翔浅底，万类霜天竞自由。"现今地球上生存着的数以万计的各种动物、植物和微生物构成了庞大繁杂的地球生物系统。

现代生物科学认为，地球上的生物系统经历了一个从无到有、从简单到复杂的过程——在漫长的地质年代中，生物诞生并不断演化，旧的生物种类或消亡或留存或演化为新的种类。地球生物系统演化的过程被称为系统发育。生物物种之间存在不同程度的亲缘关系，即系统发育关系。

系统生物学即为生物科学中研究系统发育过程和系统发育关系的分支。

植物系统学即为系统生物学内专研植物界的分支。

本章以紫荆属植物系统学为名，拟对紫荆属的系统发育过程和系统发育关系进行探讨。

2 生物系统学简史

生物系统学源流于生物分类学，以卡尔·冯·林奈的《自然系统》（1735，瑞典）发轫，以达尔文的《物种起源》（1859，英国）奠基，以威利·亨宁的《系统发育系统学的基本原理》（1950，德国）为标志，于近数十年来迅速发展，并形成了综合演化学派、分支系统学派和表型系统学派三大学派，以各自理论相争和互促。

2.1 古典分类学

以林奈为代表的古典分类学，以"界门纲目科属种"为阶元，以拉丁双名法为手段，第一次成功地将植物进行了系统的分类。

林奈的工作是具有划时代意义的。双名法的命名方法和阶元的应用，使植物有了正式统一的学名和系统的概念。

然而此种分类仅以植物的表型性状的近似性为依据，存在较大的主观性。自然界天然并无此"界门纲目科属种"的划分。林奈最初对植物进行分类时，还认为物种是亘古不变的。

2.2 综合演化学派

随着达尔文进化论（Theory of Evolution）的提出["进化"有"目的论"和"赞扬"色彩，而物种演变本无目的和情感，故（evolution）后通译为"演化"]，人们意识到物种并非亘古不变。恰恰相反，物种自产生以来一直在连续不断地复杂地变化着。达尔文的物种演化理论暗示了所有物种都是由某个原始的共同祖先演化而来，同时暗示了所有物种之间都存在或远或近的亲缘关系。换言之，演化论证明了系统发育的真实存在，为后续研究奠定了理论基础。

在演化论的光辉下，科学家积极寻找作为生物演化证据的各种古生物化石，并与现存生物进行深入研究比较，逐步形成了演化分类学说，提出了系统树的概念。同时，科学家们对生物演化的过程和原理进行深入思考。

达尔文对物种演化的思考是基于不同物种的单个个体之间的比较，由两者表型性状的相似性进行推测，认为由于某种优势性状的长期积累使物种由其祖先物种逐步演化至另一新种。但是达尔文的学说无法解释"寒武纪生命大爆发（Cambrian Explosion）"物种迅速产生的情况，也无法说明物种个体的优势性状是怎样遗传给后代的而不因杂交产生退化。

生物学家对达尔文演化论进行了必要的补充，形成了现代种群演化理论，这个理论的核心是物种概念和种群概念。物种是互交繁殖的相同生物形成的自然群体，与其他相似群体在生殖上相互隔离，并在自然界占据一定的生态位。种群是由多个同种生物个体组成的在一定时间内占据一定空间的物种群体。种群是物种存在的具体形式，也是物种演化的基本单位。种群形成和生殖隔离是新物种形成的标志。

在现代的种群演化理论基础上，形成了综合演化学派。综合演化学派以物种为基本单位，以演化关系为谱系对物种进行分类。综合演化学派家使用达尔文的理论对林奈的古典分类学进行了翻译，形成了自己的学说。这个学说继承了林奈的分类体系，但是更加贴近自然生物演化的过程。这样的分类体系兼具了科学性和实用性，被广泛应用于科普、

教学和一般科研中，可称之为"达尔文 - 林奈分类体系"或"经典分类系统"。

但是这个分类体系并不是完全的、自然的、系统发育的分类体系，仍有大量类群是完全根据表型性状的相似性被划分到一起的。

严格地完全按照系统发育的过程进行物种类群划分，以建立一个完整的系统发育的物种谱系图为目的的分支系统学应运而生。

2.3 分支系统学

分支系统学，旨在最大可能地还原真实的系统发育的物种关系，拒绝了经典分类系统中人为的阶元分类方法，提出：分支、姐妹群、单系群、并系群和多系群的概念，并提出了二歧分支的系统树模型。这样的系统树辅以精确的物种分化的时间，理论上就可以完整真实地还原出系统发育的过程。

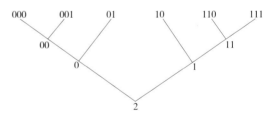

分支系统示例杏

系统只包含分支和节点两个基本元素，分支代表一个生物类群，节点代表下一级分支的近祖类群。一个节点只产生两个分支，这两个分支之间关系为姐妹群；包含了一个节点下的全部分支的生物类群为单系群；包含了一个节点下连续的多个分支的生物类群为并系群；包含了一个节点下不连续的多个分支的生物类群为多系群。

如上图中，假设生物类群 2 是最原始

的生命起源类群，000 分支和 001 分支是它的两个三级分支，代表两个单系群；000 和 001 之间的关系是姐妹群，00 是这两个分支的近祖类群；00 节点和 000、001 两个分支共同构成了一个高一级的二级分支 00；这个 00 分支和 01 之间又形成姐妹群的关系；同理，分支 0 和分支 1，分支 10 和分支 11，分支 110 和分支 111 都是姐妹群关系；而 (001+00+01+0) 或（01+0+2+ 分支 1）构成的生物类群为并系群；（000+110+111）或（分支 00+ 分支 1）构成的生物类群为多系群。

物种与物种之间相同的特征，可以分为三种类型：①相同的环境因素导致的近祖类群不同的物种在适应环境过程中产生的相似特征，称之为趋同共性。②所有后裔类群均有的继承自某祖先类群的共同特征，称之为分支的祖裔特征。③所有后裔类群均有的衍变自某近祖类群的共同特征，称之为分支的近裔特征。

分支系统学认为，只有祖裔特征和近裔特征才能作为衡量生物类群之间亲缘关系的依据，具有共同的祖裔特征才能被划入一个分支，而近裔特征是分支之间互相区别的依据。

虽然古生物类群大量灭绝而化石证据非常稀少、新的物种不断发现冲击原有研究结论、分子进化速度并非严格地均匀等等问题存在，致使完整重现系统发育的真实过程难以实现，但是分支系统学严格的方法论已被广泛接受，并跨越生物科学范畴应用在语言学、古文献学、哲学、经济学乃至工业生产领域。

2.4 表型系统学

索卡尔和史奈斯认为真正的系统发育过程是无法重建的，人们只能基于生物表现型性状的总体相似性对生物进行编级和分类；性状相似反映了共同的基因，所有性状都具有同等的重要性，生物类群之间的亲缘关系可以用表型相似指数表达。据此理论，同时应用计算机技术对大量生物表型性状的数据统计分析，发展了一系列数学方式进行生物分类的方法。

虽然此学派的理论未被广泛采用，但计算机技术研究方法越来越被其他学派重视。

3 小结

现代的生物系统学的目标是以时间为关键要素，记录地球生命诞生以来的所有物种，按照发生时空关系和物种关系，忠实地重现生命系统的发育史。探求现存的和已经消亡的物种的产生、扩散、演化和消亡历史。从这个意义上来说，生物系统学即是地球生命史学。

生物系统学使用分子生物学、统计生物学、生物地理学和考古生物学的研究成果作为系统发育的证据，同时以系统学的理论推动和指导着这些学科的发展。

1 经典分类学简介

在经典分类学中，采用的通常是形态比较分类，即通过比较组成植物的各器官的形态特征进行区分；花的特征是最主要的区分标志。由于认识上的差异，植物学家提出了数十个植物分类系统，比较著名的有恩格勒（Engler）系统和哈钦松（Hutsinson）系统，分别代表假花学派和真花学派。

恩格勒系统认为柔荑花序类植物（即木本植物种花单性、无花被、有柔荑花序者，如杨柳科）为双子叶植物种的原始类型，这一观点目前为许多学者所反对。恩格勒系统的使用时间长、影响较大，许多国家大的植物标本室和植物志仍然按照恩格勒系统编排。

哈钦松系统认为单性花比两性花要进化，木兰目是最原始的被子植物。现在多数学者接受这一观点。但该系统将双子叶植物分为木本支和草本支两大类，这一点在现在看来是完全错误的。

这两个系统的提出分别在 19 世纪末和 20 世纪早期。20 世纪 50 年代以来的植物学研究给植物分类学提供了更多证实亲缘关系的证据，出现了很多更符合自然的系统，主要有前苏联植物分类学家塔赫他间（A. Takhtajan）系统和美国纽约植物园前主任克朗奎斯特（A. Cronquist）系统。

2 植物的命名和分类阶元

统一的国际公认的学名是植物分类学发展的基础，现代植物界普遍以林奈双名法为核心标准，按照国际植物命名法规（ICBN-The International Code Of Botanical Nomenclature）对植物进行命名。

有关绿色植物命名（包括真菌）共包括 12 个主要等级（阶元）（Category）。主要分类阶元如下。

门 Divisio 或（Phylum）

纲 Classis（Class）

目 Ordo（Order）

科 Familia（Family）

族 Tribus（Tribe）

属 Genus（Genus）

组 Sectio（Section）

系 Series（Series）

种 Species（Species）

亚种 subspecies（subspecies）

变种 Varietas（Variety）

变型 Forma（Form）

3 经典分类学下的紫荆属

据中国植物志（2004）——中科院中

物志编委会编制，采用的恩格勒系统（1964）中，紫荆属（Cercis）归属于以下类别。

被子植物门 Angiospermae

双子叶植物纲 Dicotyledoneae

原始花被亚纲 Archichlamydeae

蔷薇目 Rosales

豆亚目 Leguminosineae

豆科 Leguminosae

苏木亚科（云实亚科）Caesalpinioideae

紫荆族 Cercideae

紫荆属 Cercis

该属的模式种：*C. siliquastrum* Linn（南欧紫荆）

4 紫荆族（Cercideae）下的属

紫荆族全世界共有 5 属，4 属产热带地区，1 属产北半球温带地区；我国有 2 属，分别是紫荆属 *Cercis* 和羊蹄甲属 *Bauhinia*，该族其他 3 属分别是拟羊蹄甲属 *Brenierea*、腺叶紫荆属 *Adenolobus* 和格里芬豆属 *Griffonea*。

5 紫荆属下的种

紫荆属下被公认的有 9 个种，争议未定的有 14 个种。数据来源于 "The Plant List" Version 1.1——植物清单 1.1 版 2013.09 和 Flora of China（FOC）——中国植物志英文修订版 2013.09。

5.1 公认的 9 个种

其中原产地在中国的有 5 个种，原产地在中亚的有 1 个种，原产地在欧洲的有 1 个种，原产地在北美的有 2 个种。

5.1.1 中国的 5 个种

中文名称及拉丁学名	拉丁异名及中文异名（如有）
紫荆 *C. chinens*is Bunge	红紫荆 *C. chinensis* f. *rosea* P.S. Hsu 少花紫荆 *C. pauciflora* H.L.Li
黄山紫荆 *C. chingii* Chun	/
广西紫荆 *C. chuniana* F.P,Metcalf	丽江紫荆 *C. likiangensis* Chun
湖北紫荆 *C. glabra* Pampan.	云南紫荆 *C. yunnanensis* Hu & Cheng
垂丝紫荆 *C. racemosa* Oliv.	/

5.1.2 中亚的 1 个种

中文名称及拉丁学名	拉丁异名及中文异名（如有）
中亚紫荆 *C. griffithii* Boiss	/

5.1.3 欧洲的 1 个种

中文名称及拉丁学名	拉丁异名及中文异名（如有）
南欧紫荆 *C. siliquastrum* Linn	圆叶紫荆 *Siliquastrum orbicularis* Moench

5.1.4 北美的 2 个种

中文名称及拉丁学名	拉丁异名及中文异名（如有）
加拿大紫荆 *C. canadensis* Linn	白花型加拿大紫荆 *Cercis canadensis* f. *alba* Rehder 加拿大紫荆加拿大变种 *Cercis canadensis* var. *canadensis* 加拿大型加拿大紫荆 *Cercis canadensis* f. *canadensis* 光叶型加拿大紫荆 *Cercis canadensis* f. *glabrifolia* Fernald 典型种加拿大紫荆 *Cercis canadensis* var. *typica* Hopkins.
西部紫荆 *C. occidentalis* A.Gray	亚利桑那紫荆 *Cercis arizonica* Patraw 亚利桑那紫荆 *Cercis arizonica* N.N.Dodge

5.2 争议未定的 14 个种

宽叶紫荆 *C. dilatata* Greene

椭圆紫荆 *C. ellipsoidea* Greene

佛罗里达紫荆 *C. florida* Salisb.

伏牛山紫荆 *C. funiushanensis* S.Y.Wang & T.B.Chao

佐治亚紫荆 *C. georgiana* Greene

日本紫荆 *C. japonica* Siebold ex Planch

高紫荆 *C. latissima* Greene

肾叶紫荆 *C. nephrophylla* Greene

亮叶紫荆 *C. nitida* Greene

柔毛紫荆 *C. pubescens* S.Y.Wang

矮紫荆 *C. pumila* W. Young

长果紫荆 *C. siliquosa* St.-Lag.

得州紫荆 *C. texensis* Sarg.

土耳其紫荆 *C. ×yaltirikii* Ponert

5.3 "The Plant List"（植物清单）简介

"The Plant List"（植物清单）是对 2002 年全球生物多样性大会发起的全球植物保护战略（GSPC—Global Strategy for Plant Conservation）的响应，致力于在 2020 年建成一个在线的全球植物志。"The Plant List"（植物清单）项目由英国皇家植物园（the Royal Botanic Gardens）、丘园（Kew Gardern）和国密苏里州植物园（Missouri Botanical Garden）美合作进行。

"The Plant List"（植物清单）的主要数据来源：

世界植物物种发布互查清单（World Checklist of Selected Plant Families）；

世界草本植物在线（Grass Base — The Online World Grass Flora）；

全球菊科植物名录（The Global Compositae Checklist）；

国际豆类数据库和信息服务（The Interna-tional Legume Database and Information

Service）；

国际植物信息组织（The International Organization for Plant Information）；

国际植物名称检索（The International Plant Names Index）；

爱丁堡皇家植物园（Royal Botanic Gard-ens Edinburgh）；

纽约植物园（New York Botanical Garden）；

哈佛大学植物标本馆（Harvard University Herbaria）；

澳大利亚国立植物标本馆（the Australian National Herbarium）。

5.4 《中国植物志》英文修订版 (Flora of China) 简介

《中国植物志》英文修订版 (Flora of China) 为中国科学院与美国等国的重大国际合作项目，历时 25 年，于 2013 年 9 月编撰完成并全部出版，含文字 25 卷、图版 24 卷，是目前世界上最大和水平很高的英文版植物志。

Flora of China 对 80 卷 125 册的《中国植物志》进行全面修订，并译成英文。其主要研究内容包括：一是赴美国和欧洲一些大标本馆查阅模式标本，鉴定存于国外的大量中国标本，还查阅经典文献；二是鉴定中国近年采集的标本；三是野外考察，对疑难类群的形态性状和生物学特性进行观察和分析；四是对类群进行分类修订，着重物种的划分和归并，学名的考订和规范等；五是译成英文；六是和美、英、法、俄等国外学者交流、讨论，共同修改文稿，并最终由中方作者定稿。

中国植物包括了 314 科 3329 属，种类众多，仅维管束植物就有 31365 种，植物种类数量仅次于巴西和哥伦比亚居世界第三。

6 紫荆属的种下分类

本书收录的亚种、变种及变型有以下 5 种。

6.1 白花紫荆（紫荆变型）

Cercis chinensis f. *alba* Hsu in Acta Phytotax.（Sin. 11: 193. 1966）.

6.2 短毛紫荆（紫荆变型）

Cercis chinensis f. *pubescens* Wei（Guihaia, 3: 15. 1983）

6.3 墨西哥紫荆（加拿大紫荆变种）

Cercis canadensis var. *mexicana* (Britton & Rose) M.Hopkins

6.4 圆叶紫荆（加拿大紫荆变种）

Cercis canadensis var. *orbiculata* (Greene) Barneby

6.5 德克萨斯州紫荆（加拿大紫荆变种）

Cercis canadensis var. *texensis* (S.Watson) M.Hopkins

6.6 白花黄山紫荆（黄山紫荆变型）

Cercis chingii Chun f.*albiflora* S.H.Jin et D.D.Ma).

6.7 毛果紫荆（南欧紫荆变种）

Cercis siliquastrum var. *hebecarpa* Bornm.

第三节 紫荆属分支系统学研究

1 相关研究简述

1.1 郝刚等（2001）

郝刚等（2001）应用核糖体DNA的ITS基因序列对紫荆属的系统发育关系进行了研究。研究表明，北美的紫荆类群与欧洲的紫荆类群间的亲缘关系较近，而上述两者与东亚的紫荆类群间的亲缘关系较远。研究同时表明，紫荆属可能经过白令陆桥或北大西洋陆桥进行迁徙；北半球的生物地理分布具有复杂的原因。

信息来源于植物学报 2001.43(12)：1275—1278《紫荆属的系统发育和生物地理学研究》。

1.2 Davis 等（2002）

Davis 等 (2002) 对核酸核糖体的ITS区和叶绿体的ndhF区进行了测序，研究了紫荆属下的种的遗传关系，得出北美和西欧种都来源于中国种，且北美东部的加拿大紫荆与北美西部紫荆的亲缘关系比与南欧紫荆关系近。

信息来源于植物系统学《豆科紫荆族的系统发育和生物地理学：基于对酸核糖体的ITS区和叶绿体的ndhF区DNA序列的分析》Davis C C, Fritsch P W, Li J, Donoghue M J. Phylogeny and biogeography of Cercis(Fabaceae): evidence from nuclear ribosomal ITS and chloroplast ndhF sequence data.Systematic Botany 2002 27(2): 289-302。

1.3 Sinou, Carole；Forest,Felix；Lewis, Gwilym P.；Bruneau, Anne,（2009）

Sinou 等（2009）对紫荆族（Cercideae s.l.）最大的属——广布于热带的广义的羊蹄甲属（Bauhinia s.l.）进行了深入研究。为了更好地了解羊蹄甲的属内和相关属之间的发育关系，Sinou 等研究了85个紫荆族（Cercideae）的种的 trnl-tenf 转录区DNA 序列。

贝叶斯分析和简约分析都指出广义的羊蹄甲属（Bauhinia s.l.）是包含了单系群拟羊蹄甲属（Brenierea）的一个并系群。结果表明拟羊蹄甲属（Brenierea）与哔嘀树类（Piliostigma）和狭义的羊蹄甲属（Bauhinia s.s.）共同组成一个分支。而余下的类群长萼肯尼亚豆树类(Gigasiphon)，藤花羊蹄甲类（Tylosema），澳洲金穗花树类（Barklya），显托亚属（Phanera），厚盘亚属（Lasiobema）和昆士兰羊蹄甲类（Lysiphyllum）构成了第二个分支，与上一个是姐妹群。所有这些类群都是单系群，除了显托亚属（Phanera）。显托亚属（Phanera）分为了两支，一支包含了亚洲的显托亚属类群和厚盘亚属

（*Lasiobema*），另一支包含美洲的显托亚属类群。（拟羊蹄甲属—狭义的羊蹄甲属—哗嘀树类分支）（萼肯尼亚豆树类—藤花羊蹄甲类—澳洲金穗花树类—显托亚属—厚盘亚属—昆士兰羊蹄甲类分支）分支和格里芬豆属（*Griffonea*）之间的关系并不非常清晰。但是腺叶紫荆属（*Adenolobus*）是这个大的单系群的姐妹群。而紫荆属（*Cercis*）是其他所有紫荆族的姐妹群。

信息来源于植物学《广义的羊蹄甲属的系统发育：基于 trnL-trnF 区 DNA 序列的分析》Sinou, Carole；Forest, Felix；Lewis, Gwilym P.；Bruneau, Anne in Botany《The genus Bauhinia s.l. (Leguminosae): a phylogeny based on the plastid trnL-trnF region》2009, 87(10)。

1.4 Fritsch, P.W.；Cruz, B.C（2012）

Fritsch P.W 和 Cruz B.C（2012）对更多的 DNA 序列（包括 ITS, ndhF, rpoB-trnC, trnT-trnD 和 trnS-trnG）和更多的样本进行了系统发育分析。结果证实了黄山紫荆和紫荆属内其他种之间的初始分化。新的证据表明两种北美紫荆和欧洲紫荆为姐妹群同属一个进化支，而且加拿大紫荆是一个单系群。同时，数据确切表明了紫荆属的分化是由东向西的，与先前研究结果相反，得出的紫荆属跨大西洋分化的时间节点非常近，无法用北美和欧洲之间在早第三纪存在连续的半干旱带的假说来解释，暗示了中新世跨北大西洋半干旱植物廊道的存在。

信息来源于分子系统学和进化杂志《基于 ITS 和 4 个间隔区 DNA 序列分析的紫荆属分子系统学：物种迁移历史生物地理学的实践》Molecular phylogenetics and evolution-《Phylogeny of Cercis based on DNA sequences of nuclear ITS and four plastid regions: Implications for transatlantic historical biogeography》2012,62（3）。

2 紫荆属的分支系统图

基于对相关研究结论的整理和分辨，初步绘制紫荆属的分支系统图如下：

黄山紫荆（*C. chingii*）（俗称秦氏紫荆）产安徽、浙江和广东北部。生于低海拔山地疏林灌丛，路旁或栽培于庭园中。模式标本采自安徽，已被列入《中国植物红色名录》。评估等级为 EN，特有，数量稀少；经济价值高；过去居群减少小于 50%，栖息地质量明显下降，成熟个体数小于 1000。致危因子：生境退化或丧失；直接采挖或砍伐。优先保护理由：数量稀少，特有，受威胁严重，经济价值高，科学及文化意义大。

3 分支系统学研究对经典分类学的修正

现有的研究普遍认为整个豆科植物类群是一个单系群，紫荆族也是一个单系群。紫荆族分支较早地从豆科植物类群中分化出来，位于整个豆科分支的基部区域。

在"第六届国际豆科植物大会"(the 6th International Legume Conference) 中，"豆科植物系统发育研究工作组"(the Legume Phylogeny Working Group）提议将紫荆族从

苏木亚科（云实亚科）（Caesalpinioideae）中独立出来，作为豆科的一个新的亚科——紫荆亚科。大会同意了这个提议，不过暂时未正式地实施。

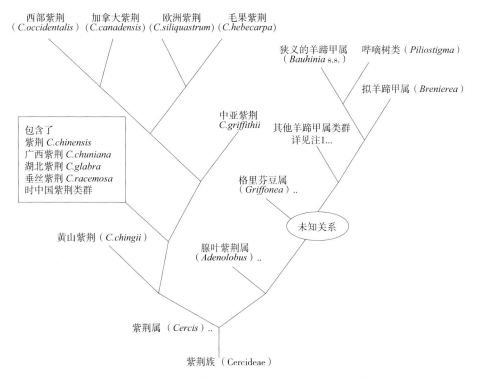

注1：长萼肯尼亚豆树类（*Gigasiphon*），藤花羊蹄甲类（*Tylosema*），澳洲金穗花树类（*Barklya*），显托亚属（*Phanera*），厚盘亚属（Lasiobema）和昆士兰羊蹄甲类（*Lysiphyllum*）

1　相关研究简述

1.1　张奠湘

张奠湘 (1994) 对紫荆族全部 5 个属，即紫荆属（*Cercis*）、腺叶紫荆属（*Adenolobus*）、格里芬豆属（*Griffonea*）、拟羊蹄甲属（*Brenierea*）和羊蹄甲属（*Bauhinia*）的几乎全部系或亚组的 134 个种或种下分类单元的叶脉序进行了研究，并描述了本族 20 个基本脉序类型。

在紫荆族中，腺叶紫荆属（*Adenolobus*）和拟羊蹄甲属（*Brenierea*）的脉序式样非常相似；紫荆属（*Cercis*）的种类的脉式样以全缘叶，一级脉不及缘等特征组合有别于本族其它属；格里芬豆属（*Griffonea*）的脉序高度特化，有别于紫荆亚族的所有类群；羊蹄甲属（*Bauhinia*）是叶脉序式样最多样化的类群。

在羊蹄甲属中，羊蹄甲亚属和显托亚属（*Phanera*）的脉序式样非常多样化。埃蕾娜亚属（*Elayuna*）的 2 个组和澳洲金穗花树类（*Barklya*）的脉序式样非常相似，澳洲金穗花树类（*Barklya*）的仅有种丁香叶羊蹄甲的脉序仅以其叶全缘区别于埃蕾娜亚属（*Elayuna*）。

脉序性状支持把坎森系（*Cansenia*）、白花羊蹄甲系、羊蹄甲系、绿花羊蹄甲亚组、总状花羊蹄甲亚组、埃蕾娜亚属（*Elayuna*）、伞房系、黄绿花系（*chloroxanthae*）、棒花系、掌叶组和萼管组等作为自然类群的观点。

在本族植物的脉序类型中，一级脉及缘、全缘叶、发育完好的脉岛等性状常相关出现；另一方面，一级脉不及缘，具二小叶或叶深裂，脉岛发育不完善及盲脉多分支等性状常相关出现。

如同形态和花粉性状，脉序性状能为紫荆族的分类提供另一方面的佐证，但只有当与其他方面性状一同使用时，才能得到较可靠的结论。

信息来源于热带亚热带植物学报《紫荆族的脉序研究》,Journal of Tropical and Subtropical Botany1994,2(4):45—57。

1.2　Banks H

Banks H（2003）对豆科苏木亚科甘豆族下 16 个属和 13 个相关属（含紫荆属）的 200 个种的花粉粒结构进行了光学显微镜观察、扫描电子显微镜观察和投射电子显微镜观察。研究发现甘豆族的成熟花粉粒上具有突起的开口，这种开口的基部由一种被称为"Z- 介体"的果胶质成分构造。同时，这种 Z- 介体结构也在紫荆属的花粉结构中出现。

信息来源于植物学年鉴《豆科苏木亚科甘豆族的花粉粒结构观察：针对底层结构 Z- 介体》Annals of Botany，Structure of pollen apertures in the Detarieae sensu stricto

(Leguminosae ：Caesalpinioideae)，with particular reference to underlying structures (Zwischenkorper)，2003，92(3)。

1.3 Banks, H. ; Forest, F. ; Lewis, G.

Banks, H. 等对 250 个紫荆族花粉粒样品进行了光学显微镜观察，扫描电子显微镜观察和投射电子显微镜观察，试图通过花粉微观形态研究发现紫荆族系统发育的分类特征。结果表明紫荆族的基部分支——紫荆属（Cercis）和腺叶紫荆属（Adenolobus）的花粉并无特别明显特征。这 2 个属的花粉微观形态均呈现等级的有间隔的三孔沟和单花粉释放形态；表面网状纹理或穿孔，平滑或皱；孔膜颗粒状，颗粒细密或粗糙。

而速生类（Schnella）、厚盘亚属（Lasiobema）、显托亚属（Phanera）、哔嘀树类（Piliostigma）和绝大部分狭义羊蹄甲属（Bauhinia s.s.）的花粉粒具有特殊的构造。

研究指出，花粉粒结构的形态研究具有系统发育和生物分类上的重要意义，同时与植物生理功能和演化方向具有相关性。花粉粒的特殊构造是判定单系群成立的重要形态比较证据。

信息来源于南非植物学报《广义的羊蹄甲属分类和系统发育的花粉形态学证据》South African Journal of Botany, Palynological contribution to the systematics and taxonomy of Bauhinia s.l. (Leguminosae: Cercideae). (Special Issue: Towards a new classification system for legumes.)2013,89。

2 小结

虽然表型系统学者未严谨系统地提出自己的分类体系，但是表型系统学对紫荆族脉序和花粉结构的相关研究，为分支系统学和经典分类学的研究提供了形态上数据比较的重要证据。

1 "清华校花"与"香港市花"

紫荆族是豆科云实亚科下的一个族，族下有5属，4属产热带地区，1属产北半球温带地区；我国有2属，分别是紫荆属和羊蹄甲属。因同属于紫荆族一族，所以2属植物在各自的分布区域里都有"紫荆"的叫法，紫荆属植物多被称作"紫荆"或"紫荆树"，羊蹄甲属（特指羊蹄甲亚属）植物多被称作"紫荆花"。

"紫荆"广布于全国各地，而"紫荆花"只在华南一带有分布。"紫荆"自古以来就有栽培，历史悠久，古人诗词中提到的"紫荆"也多指紫荆属植物，其代表树种是紫荆（Cercis chinensis），清华大学的校花即是该树种。"紫荆花"是个较为笼统的概念，多个羊蹄甲亚属植物均被称作"紫荆花"，但通常指的是红花羊蹄甲（Bauhinia × blakeana）。这一品种于1880年在香港被首次发现，是羊蹄甲（Bauhinia purpurea）和洋紫荆（Bauhinia variegata）的杂交品种，1965年被正式定为香港市花。羊蹄甲亚属植物的别名较多，同一植物在广东、香港、澳门及台湾等地叫法多不相同。

两种"紫荆"虽然是完全不同的2个物种，但"手足情深""思念故园""不离不弃"等紫荆文化，在两种"紫荆"中都得到了很好的延续。

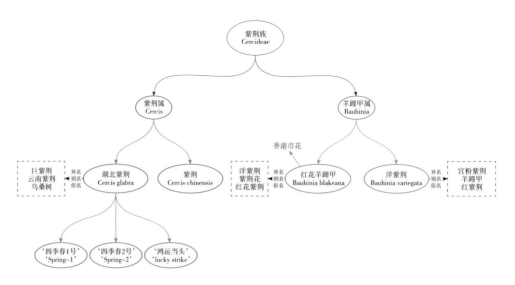

紫荆族植物名称一览图

羊蹄甲属的洋紫荆与红花羊蹄甲

2 紫荆属植物名称问题

紫荆属共有 9 个种，中国产 5 种，分别是紫荆（*C.chinensis*）、黄山紫荆（*C.chingii*）、广西紫荆（*C.chuniana*）、垂丝紫荆（*C.racemosa*）和湖北紫荆（*C.glabra*）。前 2 种为灌木，后 3 种为乔木。黄山紫荆、湖北紫荆和广西紫荆均是"地名＋紫荆"的命名模式，地名即物种的发现地；垂丝紫荆是"性状＋紫荆"的命名模式，垂丝是物种的花的特征。目前在城市园林中应用较多的是紫荆和湖北紫荆，大众对紫荆属植物的熟悉程度大体为：紫荆＞湖北紫荆＞垂丝紫荆、广西紫荆、黄山紫荆。

国内 5 种紫荆属植物，除传统灌木紫荆（*C.chinensis*）外，其余 4 种皆知名度不高，大众对紫荆属植物的认知非常有限，相关的专业介绍及学术报道也比较缺乏，所以，不止在民间，学术上对紫荆属植物的称呼与辨别也都错误频现。如某高校教授发表的学术论文，在垂丝紫荆种子发芽实验中，用紫荆

种子顶替了垂丝紫荆种子；又如某著名植物园，垂丝紫荆、广西紫荆的树种标牌与实际种植的并不相符；再比如，某专家学者共同署名的论文中竟也错误地将紫荆和湖北紫荆混为一谈……诸如此类的"学术漏洞"并不少见，这也侧面反映了对紫荆属植物进行广泛科普具有一定的意义和重要性。

民间将紫荆属植物弄混、用错的现象也比较常见。究其原因，不难得出的是具有 1700 年以上栽培历史的传统灌木紫荆给大众留下的印象太过于深刻了，因此，当发现一些与灌木紫荆不太一样的物种出现时，其命名习惯还是以灌木紫荆为参考。如民间将各类乔木状紫荆命名为"巨叶紫荆""大叶紫荆"或"乔木紫荆"等。

3 湖北紫荆与巨紫荆

直到目前，巨紫荆的知名度都比湖北紫荆高，甚至还一度存在拉丁学名（*Cercis gigantea*），很多人依然以为巨紫荆是个独立的物种。巨紫荆的名称由来可以解释为是

"巨大的紫荆"，也是在传统灌木紫荆的基础之上命名得来的，但这一名称更偏向于民间叫法，在一些植物分类书籍上出现时也比较混乱，甚至出现过多个"拉丁学名"。直到 2018 年 5 月，学术界才有了定论："巨紫荆（*Cercis gigantea*）"的名称为无效发表，将巨紫荆归入湖北紫荆（*Cercis glabra*），巨紫荆与云南紫荆一样，都是湖北紫荆的异名。

湖北紫荆的自然分布范围非常广泛，标本发现于山东、河南、陕西、甘肃、四川、重庆、湖北、安徽、江苏、浙江、湖南、贵州、云南、广西、广东、福建等地。除自然分布外，已知的湖北紫荆园林栽植地还有河北、北京、天津、辽宁（大连）、新疆（阿拉尔）等地。分布广泛也是造成叫法众多的一个重要原因，湖北紫荆除"巨紫荆"和"云南紫荆"两个异名外，还有"箩筐树"和"乌桑树"等俗名。

最近 10 年，湖北紫荆的园艺品种相继问世，以四季春园林推出的"四季春系列紫荆树"为代表，'四季春 1 号'（红花）、'2

左图：湖北紫荆

下图：'四季春 1 号'

号'（金叶）、'3 号'（两季花）、'4 号'（白花）、'5 号'（多毛）及'鸿运当头'（新叶红棕色），极大地拓宽了紫荆属植物新品种研发的广度和深度，未来，在花色、叶片和树形的变换上，紫荆属植物新品种研发领域可谓大有可为。

4 总结

有些树种的民间叫法比学术名称用得更普遍，如法桐与悬铃木、丝棉木与白杜。但要做到的一点是明确，即一个树种或品种仅有一个拉丁学名、一个中文名，在此基础之上，可以有一个或多个别名（包括异名、俗名），但最好不要 2 个树种或品种共用一个别名。

笔者认为，紫荆族紫荆属植物名称混乱的原因主要有两点：一是人们对黄山紫荆、广西紫荆、垂丝紫荆这 3 种尚未开发的树种都知之甚少，其栽种在城市中的种质资源也比较匮乏，3 个树种对一些人来说更是闻所未闻，见所未见，因此，错而不知是错，改也就无从去改了；二是人们对传统灌木紫荆的印象太过深刻，对湖北紫荆的叫法又太多，人们更善于"造名字"，而对树种的研究还不够深入，所以就导致紫荆属植物的名称多且混乱。

紫荆族羊蹄甲属植物名称混乱的主要原因则在于不同树种或品种，种间区别很小，非专业人士很少能分得清楚；而同一树种或品种在不同地方的叫法又多不相同，或者是同一种叫法在不同地方指代了不同的树种或品种。因此，为更好地理清紫荆族植物的学名与关联，建议将各树种或品种的名称进行明确，将共用名称的情况进行调整。

紫荆族植物名称混乱问题主要涉及的几个树种（或品种）及其名称明确如下。

中文学名	拉丁学名	别名	备注
红花羊蹄甲	*Bauhinia × blakeana* Dunn	紫荆花	香港市花，通常不结果
洋紫荆	*Bauhinia variegata* L., 1753.	宫粉紫荆、宫粉羊蹄甲	有带状荚果
湖北紫荆	*Cercis glabra* Pamp. (1910)	巨紫荆、云南紫荆	大乔木，先花后叶，花色淡粉
'四季春 1 号'	*Cercis glabra* 'Spring-1'	'四季春 1 号'紫荆树	湖北紫荆首个园艺品种，花色玫红

第六节　章节小结

　　紫荆属植物广泛地"间断分布"于北半球的温带地区，是北半球植物地理分布和系统发育研究的"模型植物"。紫荆属植物的系统发育研究对了解整个北半球的植物地理分布和系统发育过程具有重要意义。

　　因此，紫荆属的植物系统学研究先行者众多，目前已经产生了众多重要结论如下：

　　（1）在系统树中，紫荆族（Cercideae）分支较早地从豆科分支中分化出来，位于整个分支的基部部分。

　　（2）紫荆族应独立为紫荆亚科。

　　（3）紫荆属（Cercis）与紫荆族其他类群间为姐妹群。

　　（4）黄山紫荆（C.chingii）与紫荆属其他类群间为姐妹群。

　　（5）欧洲紫荆类群和美洲紫荆类群间为姐妹群，都起源于中国紫荆类群。

　　（6）紫荆属是自东向西分化的，中国是紫荆属起源中心。

　　（7）紫荆属跨大西洋分化的时间不早于中新世（2300万年前至533万年前）。

　　紫荆属的植物系统学研究理清了紫荆属植物和相关属之间、紫荆属下各种之间的亲缘关系，并对紫荆属植物进行了正式命名和名称分辨，为其他相关研究和应用奠定了基础。

第二章　紫荆属植物形态学

紫荆属植物形态学的研究结论是识别和鉴定紫荆属植物的主要依据，在实际的科研和生产中有广泛的应用价值。

1 植物形态学简介

植物形态学是研究植物的发育、形态与结构，并根据其个体发育与系统发育来解释现存各种植物的形态与结构变化的植物学分支学科。

植物形态学是植物分类学、植物生理学、植物生态学、植物遗传学、植物病理学等的基础，也是农业、林业和医药等有关应用科学的基础。

按照研究对象，大致可分为研究产生孢子的孢子植物形态学，产生种子的种子植物形态学（裸子植物形态学、被子植物形态学）以及以维管组织结构为基础的维管植物形态学，按是否具有明显的花结构，可分为隐花植物形态学和显花植物形态学，还有不同器官或不同植物的形态学等。按照研究方向，可分为：用比较的观点说明形态同异的比较形态学，通过实验发现其形态变化规律的实验形态学，与说明内、外因素影响植物体形成的形态发生学等。

2 本章题引

紫荆属植物形态学的研究结论是识别和鉴定紫荆属植物的主要依据，在实际的科研和生产中有广泛的应用价值。同时，紫荆属植物的形态特征也是紫荆属植物观赏应用的基础。

本章主要内容参考自《中国植物志》英文修订版 Flora of China（FOC）和《生命百科》（EOL-Encyclopedia of Life）及维基百科（Wikipedia）。

3 紫荆族的形态特征

据 Flora of China（FOC），紫荆属（Cercis）为豆科（Fabaceae）紫荆族（Cercideae）下的属。

紫荆族（Cercideae）下有 5 个属，为紫荆属（Cercis）和羊蹄甲属（Bauhinia）、腺叶紫荆属（Adenolobus）、拟羊蹄甲属（Brenierea）、格里芬豆属（Griffonea）。

紫荆族的特征：叶互生，单叶全缘或 2 裂，间或深裂至基部成 2 小叶，花通常两性，稀为单性（杂性或单性异株），轻微或明显的两侧对称；萼全缘、具 5 齿、佛焰状或具镶合状排列的 2~5 裂片；花瓣通常 5 片（间或 2~5 片或 6 片），几乎相等或完全不等，离瓣花；雄蕊 10，全部能育或有 2~9 枚退化；花药背着，药室纵裂或顶部孔裂；子房或子房柄与花托壁离生或合生，有胚珠 1 至多颗。荚果扁平或肿胀。染色体数 2n=14，24，26 或 28。大约有 5 个属 320~350 种，其中 4 个属分布于热带地区，1 个属广布于北半球的温带地区。中国有 2 个属和 52 个种（其中 28 个特有种，2 个外来种）。

4 紫荆族下属的形态比较

英果腹缝线有狭翅，完整可育花药 10 枚，花色紫红或粉色。

⋯⋯⋯⋯紫荆属

英果无翅，完整可育花药通常 3 或 5 枚；若 10 枚，花色为白色、浅黄或绿色。

⋯⋯⋯⋯羊蹄甲属

五等裂的花萼筒，花药 5 枚一轮，成长度不同的两轮，花瓣 5，黄色。

⋯⋯⋯⋯腺叶紫荆属

产自西非或中非，花朵绿色，英果黑色，种子富含 5-htp(5- 羟色胺，人体神经递质)

⋯⋯⋯⋯格里芬豆属

目前仅一种，发现于马达加斯加岛，具有极其扁平的白色的枝干

⋯⋯⋯⋯拟羊蹄甲属

整株形态	树形	灌木或乔木，单生或丛生
	树干	无刺
叶部形态	整叶	叶互生，单叶，全缘或先端微凹
	叶脉	具掌状叶脉
	托叶	托叶小，鳞片状或薄膜状，早落
花形态	整花	花两侧对称、两性，紫红色或粉红色，具梗
	花序	排成总状花序
	花位	单生于老枝上或聚生成花束簇生于老枝或主干上，常先叶开放
	苞片	苞片鳞片状，聚生于花序基部，覆瓦状排列，边缘常被毛；小苞片极小或缺
	花萼	花萼短钟状，微歪斜，红色，喉部具一短花盘，先端不等的 5 裂，裂齿短三角状
	花瓣	花瓣 5，近蝶形，具柄，不等大，旗瓣最小，位于最里面
	雄蕊	10 枚，分离，花丝下部常被毛，花药背部着生，药室纵裂
	雌蕊	子房具短柄，有胚珠 2~10 颗，花柱线形，柱头头状
果形态	整果	荚果扁狭长圆形，两端渐尖或钝，于腹缝线一侧常有狭翅，不开裂或开裂
	种子	种子 2 至多颗，小，近圆形，扁平，无胚乳，胚直立

［1］花序总状，有明显的总花梗。[2]

［1］花伞状簇生，无或有不到1mm的总花梗。[4]

［2］叶菱状卵形，两侧不对称，基部钝三角形，两面常被白粉，无毛。

广西紫荆 C.chuniana Metc

［2］叶阔卵形、卵圆形或心脏形，两侧对称，基部心形或近截平，下面被毛或无毛，但无白粉。[3]

［3］总状花序较长，总轴长2~10cm；叶片下面被短柔毛，沿脉上被毛较多；荚果基部渐狭，背、腹缝线等长。

垂丝紫荆 C.racemosa Oliv.

［3］总状花序短，总轴长不超过2厘米；叶片下面无毛或仅于基部脉腋间有少数簇生柔毛；荚果基部常圆钝，背、腹缝线不等长。

湖北紫荆 C.glabra Pampan

［4］荚果厚而坚硬，无翅，果瓣常扭转，开裂，喙粗而直；叶近革质，较厚，下面常于基部脉腋间被簇生柔毛。

黄山紫荆 C.chingii Chun

［4］荚果平而薄，有翅。[5]

［5］荚果通常不开裂，喙细小而弯曲；叶纸质，较薄，下面通常无毛或沿脉上被短柔毛。

紫荆 C.chinensis Bunge

［5］荚果开裂。[6]

［6］荚果种子8~12枚；花紫红色，3~6朵簇生，雄蕊10枚离生。[7]

［6］荚果种子3~10枚；花粉红色，2~6朵簇生，雄蕊9~10枚离生。[8]

［7］荚果被毛。

毛果紫荆 C.hebecarpa (Bornm.) Ponert

［7］荚果无毛。

南欧紫荆 C.siliquastrum Linn

［8］株高7.6~15.2m，有明显主干，枝条无毛。

加拿大紫荆 C.canadensis Linn

［8］株高2~5m，丛生接地生长，1年生枝条密被毛。

西部紫荆 C.occidentalis A.Gray

注：中亚紫荆 C.griffithii Boiss 现存资料稀少，难以准确描述，需要进一步研究。

上左图：垂丝紫荆
上右图：南欧紫荆
下左图：加拿大紫荆
下右1图：湖北紫荆
下右2图：黄山紫荆
下右3图：中亚紫荆
右页图：紫荆

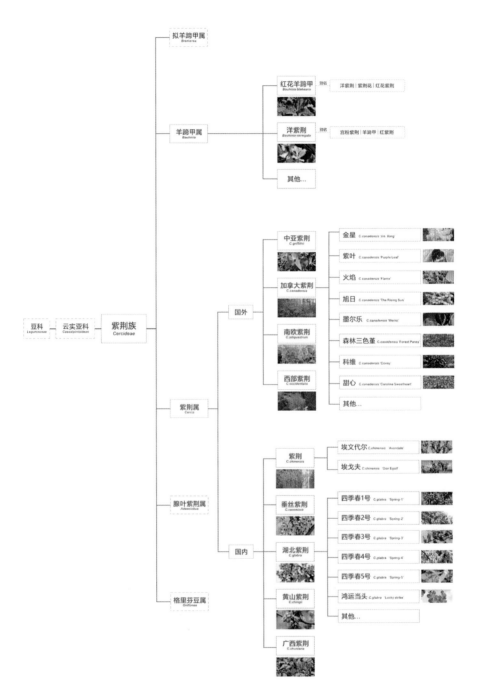

紫荆的分类

整株形态	树形	乔木，高 6~16（30）m，胸径达 30~50cm
	树干	树皮和小枝灰黑色
叶部形态	整叶	叶较大、厚纸质或近革质，心脏形或三角状圆形，长 5~12cm、宽 4.5~11.5cm，先端钝或急尖，基部浅心形至深心形，幼叶常呈紫红色，成长后绿色，上面光亮，下面无毛或基部脉腋间常有簇生柔毛
	叶脉	具掌状叶脉，基脉（5）7 条
	叶柄	叶柄长 2~4.5cm
花形态	整花	花两侧对称、两性，花淡紫红色或粉红色，先于叶或与叶同时开放，稍大，长 1.3~1.5cm，花梗细长，长 1~2.3cm
	花序	总状花序短，总轴长 0.5~1cm，有花数至十余朵
	花位	单生于老枝上或聚生成花束簇生于老枝或主干上，常先叶开放
	苞片	苞片鳞片状，聚生于花序基部，覆瓦状排列，边缘常被毛；小苞片极小或缺
	花萼	花萼短钟状，微歪斜，红色，喉部具一短花盘，先端不等的 5 裂，裂齿短三角状
	花瓣	花瓣 5，近蝶形，具柄，不等大，旗瓣最小，位于最里面
	雄蕊	10 枚，分离，花丝下部常被毛，花药背部着生，药室纵裂
	雌蕊	子房具短柄，有胚珠 2~10 颗，花柱线形，柱头头状
果形态	整果	荚果狭长圆形，紫红色，长 9~14 cm，少数短于 9 cm，宽 1.2~1.5 cm，翅宽约 2cm，先端渐尖，基部圆钝，二缝线不等长，背缝稍长，向外弯拱，少数基部渐尖而缝线等长；果预长 2~3 mm
	种子	种子 1~8 颗，近圆形，扁，长 6~7mm、宽 5~6mm。花期 3~4 月；果期 9~11 月

第三章　紫荆的文化与历史

紫荆属植物遍布我国南北，在历史发展过程中以地名为一方水土打上了温柔的烙印。

1　紫荆的名称由来

紫荆又叫满条红、珊瑚树、乌桑树、紫珠、裸枝树，紫荆之名始见于晋人嵇含（263—306）的《南方草木状》（304 永兴元年撰）。

原文：荊，寧浦有三種：金荊可作枕，紫荊堪作牀，白荊堪作屐。與他處牡荊蔓荊全異。又彼處有杜荊，指病自愈。節不相當者，月暈時刻之，與病人身齊等，置牀下，雖危困亦愈。

译文：荆，宁浦郡（晋郡名，今广西东南部）有三种，金荆可以做枕具，紫荆可以做床具，白荆可以做木屐。与其他地方的牡荆、蔓荆等完全不同。又有别的地方生长的杜荆，治病能使（病人）自己痊愈。身体关节不相适应的病人，在月晕的时候刻镂杜荆，与病人的身体相等，放到床具下面，即使病情很严重也能痊愈。

此为"紫荆"一名最早出现于中国古代文献中的记载。紫荆首次记录的用途为床具用材，记载的地点为广西。床具用材理应为高大乔木，因此结合地点，可大胆猜测为广西紫荆（ C.chuniana F.P,Metcalf ）。此时紫荆归属于荆类，与金荆、白荆、牡荆、蔓荆和杜荆等其他荆类相区别。

紫荆字面意义即"紫色的荆树"。"其木似黄荆而色紫，故名。"《本草纲目·木三·紫荆》明·李时珍·1590。

紫荆一名可分为"紫"和"荆"两部分，"紫"为颜色形容词，"荆"为木类名词。紫作为花色属性，定义了主体"荆"；而"荆"的出现则早得多，意义也极其丰富。

商周秦汉时期，紫荆便存在于先民们的生活范围中，但是由于此时紫色属间色，地位低贱，未被人们欣赏和喜爱，因此埋没于荆类之中；魏晋时期，随着紫色社会地位的提升，紫荆从荆类中被细分出来，并正式命名；南北朝时期，紫色地位渐次上升，紫荆逐步被认可；隋唐时期，紫色成为仅次于黄色的贵色，紫荆被公众接受。

1 紫荆在国内的象征意义

　　紫荆在中国文化中的象征是"兄弟"，并引申为"故园"，在这背后是"三荆同株"的故事——田真兄弟三人分家，庭中紫荆枯死，受感发后不再分家，紫荆恢复生机。故事始见记载于南朝梁吴均（469—520）《续齐谐记》，在此之前西晋陆机（261—303）《豫章行》中便有"三荆欢同株，四鸟悲异林"的诗句，暗示故事流传已久。紫荆在自此后的1500~1700余年里便一直是兄弟和故乡故园的象征，被广泛记载于各类文学作品和《孝子传》等书中。

　　紫荆把根深深扎百姓人家的庭院中，一直是家庭和美、骨肉情深的象征。那风中摇曳的心形绿叶是它跳动的心脏。里面有绿色的热血在奔腾。那花一簇簇紧紧相拥饱含深情。紫荆有很强的亲和力，就像我们的兄弟姐妹，心心相印，手足情深。

《续齐谐记·三荆同株》

　　作者：吴均　朝代：南朝

　　京兆田真兄弟三人，共议分财。生资皆平均，惟堂前一株紫荆树，共议欲破三片。明日，就截之，其树即枯死，状如火然。真往见之，大惊，谓诸弟曰："树本同株，闻将分斫，所以憔悴。是人不如木也。"因悲不自胜，不复解树。树应声荣茂，兄弟相感，合财宝，遂为孝门。真仕至太中大夫。

田真哭荆红铜花钱

　　作者介绍：吴均（469—520），字叔庠，南朝梁文学家、史学家，吴兴故鄣（今浙江安吉）人。为文清拔，工于写景，尤以小品书札见长，诗亦清新，多为反映社会现实之作，为时人仿效，号称"吴均体"。现存的志怪小说《续齐谐记》，是继南朝宋东阳无疑《齐谐记》而作，故事曲折生动，人物性格鲜明，鲁迅誉为"卓然可观"。

吴均

《豫章行》

作者：陆机　朝代：魏晋

汎舟清川渚。遥望高山阴。
川陆殊涂轨。懿亲将远寻。
三荆欢同株。四鸟悲异林。
乐会良自古。悼别岂独今。
寄世将几何。日昃无停阴。
前路既已多。后涂随年侵。
促促薄暮景。亹亹鲜克禁。
曷为复以兹。曾是怀苦心。
远节婴物浅。近情能不深。
行矣保嘉福。景绝继以音。

作者介绍：陆机（261—303），字士衡，吴郡吴县（今江苏苏州）人，西晋文学家、书法家，与其弟陆云合称"二陆"。曾历任平原内史、祭酒、著作郎等职，世称"陆平原"。

陆机

《上留田行》

作者：李白　朝代：唐

行至上留田，孤坟何峥嵘。
积此万古恨，春草不复生。
悲风四边来，肠断白杨声。
借问谁家地，埋没蒿里茔。
古老向余言，言是上留田，
蓬科马鬣今已平。
昔之弟死兄不葬，他人于此举铭旌。

一鸟死，百鸟鸣。一兽走，百兽惊。
桓山之禽别离苦，欲去回翔不能征。
田氏仓卒骨肉分，青天白日摧紫荆。
交柯之木本同形，东枝憔悴西枝荣。
无心之物尚如此，参商胡乃寻天兵。
孤竹延陵，让国扬名。
高风缅邈，颓波激清。
尺布之谣，塞耳不能听。

作者介绍：李白（701—762），字太白，号青莲居士，唐朝浪漫主义诗人，被后人誉为"诗仙"。汉族，祖籍陇西成纪，出生于碎叶城（当时属唐朝领土，今属吉尔吉斯斯坦），4岁再随父迁至剑南道绵州。

李白

李白存世诗文千余篇，有《李太白集》传世。762年病逝，享年61岁。

《得舍弟消息》

作者：杜甫　朝代：唐

风吹紫荆树，色与春庭暮。
花落辞故枝，风回返无处。
骨肉恩书重，漂泊难相遇。
犹有泪成河，经天复东注。

作者介绍：杜甫（712—770），字子美，自号少陵野老，世称杜工部、杜少陵等，唐朝河南府巩县（河南郑州巩义市）人，唐代伟大的现实主义诗人，杜甫被世人尊为"诗圣"，其诗被称为"诗史"。杜甫与李白合称"李杜"，为了跟另外两位诗人李商隐与杜牧即"小李杜"区别开来，杜甫与李白又合称"大李杜"。

杜甫

2 紫荆在国外的象征意义

南欧紫荆在英文中又称之为犹大树（Judas tree）。圣经记载，犹大是耶稣的十二个门徒之一，但是犹大背叛了耶稣，导致耶稣被捕，然后受钉刑于十字架。在审判后，犹大深受良心的折磨，在一棵树上自缢，然后埋葬于树下，那块地被称之为"血地"。传说，犹大自缢的那棵树即是南欧紫荆，而紫荆花本是白色，浸透了犹大的鲜血而成为了紫红色。该记载最早可见于 1668 年。南欧紫荆因为和犹大的关联，在宗教中有了背叛、自尽和忏悔等象征意义。

南欧紫荆在西方文化中是"背叛"和"救赎"的象征，起源于"犹大之死"的传说，有约 350 年的历史。

传说：犹大之死 Jacobus de Voragine（1230—1298，热那亚大主教）在圣马提亚传奇的引言里讲述了犹大的稗闻野史。虽然 Jacobus 本人承认这些故事真实性可疑，但是中世纪的先民们对此很感兴趣，毕竟这些故事丰富了他们的生活，给他们提供了呆板乏味的福音书以外的乐趣。

传说，犹大自缢在犹大树（即欧洲紫荆）上，然后曾经的白色花变成了紫色，因为羞耻于这难堪的过去。

可能的解释二：被称为犹大树是因为簇生的花朵像是挂在树枝上，暗示一个自缢的人。

可能的解释三：完全是以讹传讹的结果。欧洲紫荆的法语名称为 Arbre de Judée ——Tree of Judea——（来自"犹大地"的树）——犹大地，巴勒斯坦南部地区。在英语中转变成了 Judas Tree。

犹大树传说

第三节 紫荆的观赏史

在观赏特征上，紫荆有暮春开花，花朵繁艳，落花如毯，夏初作荚等特点，在唐代就被广泛种植于园林庭院之中，并进入众多诗人的视野。紫荆在宋代大多数人家的庭院中均有种植。

明确可知的紫荆观赏种植的场景有：寺庙—建元寺；官署—集贤院；庭院—见韦应物诗及唐慎微书。

明确可知的紫荆种植城市有：唐长安城（集贤院）、唐成都城（建元寺）、唐洛阳城。

《见紫荆花》

作者：韦应物　朝代：唐

杂英纷已积，含芳独暮春。

还如故园树，忽忆故园人。

《建元寺（一作和郭郧寒食）》

作者：李绅　朝代：唐

江城物候伤心地，远寺经过禁火辰。

芳草垄边回首客，野花丛里断肠人。

紫荆繁艳空门昼，红药深开古殿春。

叹息光阴催白发，莫悲风月独沾巾。

《六年寒食洛下宴游，赠冯、李二少尹》

作者：白居易　朝代：唐

丰年寒食节，美景洛阳城。

三尹皆强健，七日尽晴明。

东郊蹋青草，南园攀紫荆。

风拆海榴艳，露坠木兰英。

假开春未老，宴合日屡倾。

珠翠混花影，管弦藏水声。

佳会不易得，良辰亦难并。

听吟歌暂辍，看舞杯徐行。

米价贱如土，酒味浓于饧。

此时不尽醉，但恐负平生。

殷勤二曹长，各捧一银觥。

《晚春重到集贤院》

作者：白居易　朝代：唐

官曹清切非人境，风月鲜明是洞天。

满砌荆花铺紫毯，隔墙榆荚撒青钱。

前时谪去三千里，此地辞来十四年。

虚薄至今惭旧职，院名抬举号为贤。

《旧馆》

作者：韩偓　朝代：唐

前欢往恨分明在，酒兴诗情大半亡。

还似墙西紫荆树，残花摘索映高塘。

《春女怨》

作者：朱绛　朝代：唐

独坐纱窗刺绣迟，紫荆花下啭黄鹂。

欲知无限伤春意，尽在停针不语时。

《临江仙》

作者：彭元逊　朝代：宋

红袖乌丝失酒，金钗银烛销春。

柳边桃下复清晨。

帽风回马旋，扇雨拂花情。

白帝空惊旧曲，阳关只梦行人。

碧云何处认芳尘。

紫荆花作荚，青杏核生仁。

1 老茎生花，双亲之爱

紫荆的花4~10朵簇生于老枝及干上，先叶开放。李时珍《本草纲目》中记载："紫荆春开紫花，其细碎，出无常处，或生于本身之上，或附根上、枝下直出花。"紫荆花着生于极短枝，故有"老茎生花"之说。这不难让人们为之联想到双亲对儿女的关怀，即使已经老去也要为下一代的辉煌无私地奉献。紫荆的老枝犹如一位老者，用自己的养分供给造就了满枝的绚烂。

2 代表爱情，不离不弃

相传紫荆不叫紫荆而叫乌桑，乌桑树是天宫的神树，花能驻颜美发，叶能洗浴爽身，根能益寿延年，所以它成为王母娘娘最喜欢的花。为了不让它流落人间，她把花的种子交给紫霞仙子保管。后来紫霞化身织女，用乌桑树的种子治好了乡亲们的怪病。因为民间传说这种花的花语是："矢志不渝，不离不弃"，所以紫荆花被许多年青人当做爱情的信物，送给自己心爱的人。

3 寓意家乡，寄托思愁

紫荆是中国的传统花卉，不少文学作品中赞美紫荆时都寄托着作者对家乡和亲人的思念之情。古人常用"紫荆"来比喻故乡，如唐代诗人韦应物的《见紫荆花》中写到"杂英纷已积，含芳独暮春，还如故园树，忽忆故园人。"落英缤纷，一地的紫荆花，让游子心头涌上思归、忆念故里的感情。

4 代表亲情、兄弟合睦

传说东汉时期，田真与兄弟田庆、田广三人分家，所有财产已经分配完毕，余下一棵紫荆树意欲分为三截。天明，当兄弟们前来砍树时，发现树已枯萎，落花满地。田真不禁对天长叹："人不如木也！"。从此兄弟三人不再分家，和睦相处，紫荆树也随之获得生机，花繁叶茂。陆机为此赋诗："三荆欢同株，四鸟悲异林。"李白感慨道："田氏仓促骨肉分，青天白日摧紫荆。"

紫荆属植物遍布我国南北，在历史发展过程中以地名为一方水土打上了温柔的烙印。

1 紫荆关

紫荆关是长城的关口之一，位于河北易县城西 40km 的紫荆岭上，是长城上一座著名的关城。河北平原进入太行山的要道之一。有"一夫当关，万夫莫开"之险。东汉时名为五阮关，又称蒲阴陉，列为太行八陉之第七陉。宋时名金陂关，后因山多紫荆树而改名。位于居庸关、倒马关之间，三者号称"内三关"。今河北易县有紫荆关镇。紫荆关于 1996 年被国务院公布为全国重点文物保护单位。

2 紫荆山

辽宁锦州紫荆山；山西朔州紫荆山；甘肃省庄浪县紫荆山；山东临淄紫荆山；山东蓬莱紫荆山；河南郑州紫荆山：紫荆山系商代旧城址的一部分，距今已有 3500 年的历史，几千年来，由于风沙堆积和洪水冲淹，大部分城墙已埋入地下；福建漳州紫荆山；广西桂平紫荆山。

3 紫荆河

浚河——紫荆河（山东临沂费县）；东鱼河——紫荆河（山东菏泽）；长江——汉江——月河——恒河——紫荆河（陕西安康）；湘江——紫荆河（湖南湘潭）；珠江——西江——大湟江——紫荆河（广西桂平）。

4 紫荆镇

陕西安康汉坪区紫荆镇；广西桂平紫荆镇。

注：① 1 里=500 米。

5 紫荆村

陕西省宝鸡市凤翔县陈村镇紫荆村；陕西商县紫荆村；湖北省鹤峰市五里乡紫荆村；湖南省永州市宁远县九疑山乡紫荆村。

6 紫荆台

紫荆台位于河南省周口市淮阳县刘振屯乡紫荆台行政村，地处淮阳县城南 9km 处，这里文化积淀厚重，是著名的淮阳县七台八景之一。这里交通便利，省道淮富路，县道 102 线，紫荆大道穿境而过。紫荆楼位于龙都淮阳南 25 里[①]处，因台上生长一棵高大的紫荆树而得名。

关于紫荆台的传说，始见于南朝吴均的志怪小说集《续齐谐记》，相传京兆田真兄弟三人就居住在古城淮阳紫荆台下。如今在淮阳紫荆台村依然流传着田氏兄弟"三人哭活紫荆树"的故事。

紫荆关

第六节 紫荆大事记

约距今 5300 万年—3650 万年，始新世的紫荆化石，被认为是最早的紫荆属化石的发现。

旧石器时期—公元前 221 年，先秦，"荆"字出现在《山海经》中，皆取植物义。

约公元前 372—约前 287 年，紫荆属拉丁名（Cercis），源自希腊语单词 κερκ，意为"织布的梭子"，由古希腊哲学家、自然科学家泰奥弗拉斯托斯最早应用在南欧紫荆（C.siliquastrum）中。

220 年，紫荆在中国的观赏种植始于魏晋，属荆类的一种。

301 年，西晋陆机作《豫章行》："三荆欢同株，四鸟悲异林"。

304 年，"紫荆"一词首次出现于中国古代文献中：晋人嵇含的《南方草木状》。

510 年，吴均（南朝梁）著《续齐谐记》，记录"三田哭荆"故事。

757 年，李白作诗《上留田行》：田氏仓卒骨肉分，青天白日摧紫荆。

1578 年，《本草纲目》有关于紫荆的记载，"时珍曰：其木似黄荆而色紫，故名"。

1668 年，欧洲"犹大树传说"首次记载："犹大自缢的那棵树即是南欧紫荆，而紫荆花本是白色，浸透了犹大的鲜血而成为了紫红色。"

1753 年，林奈在《植物学种类》中将南欧紫荆（Cercis siliquastrum L.）作为紫荆属的模式种。

1994 年 3 月，首个紫荆属植物品种注册专利：加拿大紫荆'旅行者'，Cercis canadensis 'Traveller'，特征是枝端 -45° 生长。

1998 年，安徽天堂寨国家森林公园发现一株湖北紫荆古树，高达 30 余米，胸径 66.9cm，树龄 200 多年，仍生机勃勃。安徽省林业厅就对其进行过考察认证，初步认定这棵紫荆树是在全国范围内最大的一棵，并准备申报世界吉尼斯记录。

2004 年，经中央电视台《秦岭探访》栏目报道后，太平万亩紫荆花海在全国引起轰动。据中国林科院植物专家考证，太平国家森林公园内的紫荆是我国紫荆最早的发源地，因此有"天下紫荆，源系太平"之说。公园内有一株胸径 180cm 的湖北紫荆古树，高达 30 余米，堪称"世界紫荆王"。

2008 年 11 月，《巨紫荆新品系选育及快繁技术研究》获河南省科学技术进步二等奖。

2012 年 12 月 25 日，国家林业局（现国家林业和草原局）把紫荆属（Cercis）列入《中华人民共和国植物新品种保护名录（林业部分）》（第五批），2013 年 4 月 1 日起施行。

2013 年 3 月 17 日，'樱桐'巨紫荆获得河南省《林木良种证》。

2014 年 6 月 27 日，'四季春 1 号'获得《植物新品种权证书》。

2016 年 4 月 28 日，在第二届全国林木种质资源利用与生态建设高端论坛上，四季春园林董事长张林发表题为《品种创新与企业发展》的主题演讲，提出将湖北紫荆（巨紫荆）的拉丁名明确为 *Cercis glabra*。

2016 年 7 月 25 日，《中华人民共和国主要林木目录（第二批）》审议通过，紫荆属中仅紫荆（*Gercis chinensis* Bunge）一种列入其中。

2017 年，加拿大紫荆的 2 个园艺品种 'Forest Pansy' 和 'Ruby Falls' 获得皇家园艺协会的园艺功勋奖。

2018 年 5 月，《南京林业大学学报》发表文章，将巨紫荆（*Cercis gigantea* Cheng et Keng f.）列为湖北紫荆的异名。

2019 年 4 月 2 日，中国（许昌）首届紫荆花节成功举办。

2019 年 4 月 20 日，'四季春 1 号'紫荆树获"全国十佳耐盐碱植物评选"金奖。

 河南四季春园林　诚信至上·创新致远

关于巨紫荆的名称

　　民间和市场不认知湖北紫荆（*Cercis glabra* Pampan.），还有类似的云南紫荆（*Cercis yunnanensis* Hu et Cheng）、伏牛紫荆（*Cercis funiushanensis* S. Y. Wang & T. B. Chao）、天目紫荆（*Cercis gigantea*.），而巨紫荆（*Cercis gigantea*.）民间和市场认知，而学术界(包括欧、美, 中东和日本)不认可的尴尬局面。

　　本人经过多年研究认为，这些种名其实是同种异名，应二者兼顾。

中文种名：巨紫荆　拉丁名：*Cercis glabra.*

上图：张林先生与国内外专业人士充分交流，在 2016 年的公开演讲中提出了以 *Cercis glabra* 为巨紫荆拉丁学名的建议。两年后，《南京林业大学学报》公开发表文章，支持了张林的观点。

下图：首届中国（许昌）紫荆花节

第四章 湖北紫荆的特性、地理分布及生产研究现状

湖北紫荆是出色的乡土树种，具有诸多生态优势，其地理分布范围十分广泛，园林苗木生产工作也日渐趋于专业。

1 湖北紫荆的优良特性一之大乔木

湖北紫荆是落叶大乔木，树高可达16~30m。《中国植物志》记载的湖北紫荆树高为6~16m，这点与实际情况并不相符。以苗圃中栽植的湖北紫荆为例，6年树龄的苗木树高通常可达6m以上，10~15年树龄的苗木，树高也普遍达到了12m以上，而15年以上树龄的苗木，树高基本都高于16m。此外，野生状态下的湖北紫荆，其树高往往要高于苗圃中繁育的湖北紫荆，目前也已在多处发现了高达30余米的湖北紫荆大树、古树，所以，将湖北紫荆的树高描述为16~30m更为合理。

1.1 陕西太平山森林公园的湖北紫荆古树

陕西太平国家森林公园位于秦岭北麓、西安市户县太平峪河上游，距西安44公里，总面积6085公顷[①]。公园所处地貌为秦岭中山地，整个区域高差悬殊、峭壁林立、峰峦叠嶂、沟谷连绵、多瀑布、急流和险滩，形成了丰富奇妙的山水自然景观。特别是天然分布的万亩紫荆林，春季争奇斗艳，漫山遍野，一片花的海洋。

2004年经中央电视台《秦岭探访》栏目报道后，太平万亩紫荆花海在全国引起轰动。据中国林科院植物专家考证，太平国家森林公园内的紫荆是我国紫荆最早的发源地，因此有"天下紫荆，源系太平"之说。公园内有一株胸径180cm的湖北紫荆古树，高达30余米，堪称"世界紫荆王"。

1.2 安徽天堂寨国家森林公园湖北紫荆古树

安徽天堂寨国家森林公园位于安徽省六安市金寨县西南部，地处大别山腹地、鄂皖两省交界处。天堂寨有高等植物1881种

注：①1公顷=1万平方米

（其中属国家级保护的植物有 25 种多），保留了很多孑遗植物和古老植物，植物种类十分丰富。森林公园内古树共计 20 株，其中古蓝果树 1 株、古大叶榉 1 株、古湖北紫荆 1 株、古连香树 1 株、古银杏 8 株、古天目木姜子 1 株、古香果树 1 株、古青钱柳 1 株、古国槐 2 株、古茅栗 1 株、古天目紫茎 1 株、古马尾松 1 株。

安徽天堂寨国家森林公园的这株古湖北紫荆，高达 30 余米、胸径 70 余厘米、树龄 200 多年，仍生机勃勃。早在 1998 年，安徽省林业厅就对其进行过考察认证，初步

上图：安徽天堂寨的湖北紫荆古树
下图：陕西太平山的湖北紫荆

认定这棵紫荆树是在全国范围内最大的一棵，并准备申报世界吉尼斯记录。不过随着信息技术的不断发展，后来又有很多更大的湖北紫荆古树被发现。

2 湖北紫荆的优良特性二之抗逆性强

2.1 耐寒

虽然湖北紫荆的天然分布区主要集中于华东、华南和西南一带，但在华北地区，尤其京津冀，湖北紫荆的园林应用皆表现不错，这也反映出了湖北紫荆具有较好的耐寒性。

北京有多处都种植了湖北紫荆，其中，中国科学院北京植物园的一批湖北紫荆种植于 20 世纪 50 年代，已在园内存活生长了六七十年，生长状态良好，地径约 40cm 左右，每个分枝粗度都在 15~20cm 不等。

辽宁大连的英歌石植物园在 2016 年前后种植了一批湖北紫荆，生长状态良好，开花效果也不错，成为当地的一大植物亮点，越冬时没有抽条现象。大连的种植记录或许可以说明的是，湖北紫荆的耐寒性要优于传统灌木紫荆。

2.2 耐热

湖北紫荆天然分布于广东、福建、云南等地，适应范围广，耐热性强。湖北紫荆的耐热性还体现在一个有趣且明显的特征上，其树干即使在高温的夏季也始终都是清凉的，而其他树木的树干则多数都是温热的。

这个特征是四季春园林创始人张林先生

左页左图：水淹状态下的湖北紫荆
左页右图：湖北紫荆扎根深且广
右页图：大连英歌石植物园栽植的湖北紫荆

偶然发现的：被业内称作"紫荆树之父"的张林，学生时代是在郑州度过的。一次偶然的机会，乘坐公交车的张林看到路边公园里有一棵从未见过的大树，高大挺拔、满树繁花，顿时被牢牢吸引，自此便念念不忘。他细心记下了位置，找机会回去观察这棵树。热衷于搞树种研究的张林，每隔一段日子都要去看一眼这棵大树，就像去看自己的老朋友一样。

夏季酷暑难耐，张林依然顶着烈日，去看望"老朋友"。但去过几次就发现，有位老汉始终都坐在这棵大树底下，背倚树干，拿把蒲扇在乘凉，似与这大树长在一起了一样。"这园里有几十上百棵大树，为何老汉就专挑这一棵靠着呢？这是要跟我'争树'吗？"张林心中烦闷又不解，便上前询问。老汉笑说："这园里大树我都倚了个遍，唯有这棵树的树干是凉快的，夏天这么热，但倚着这棵大树的树干，背就是凉爽的，坐在这棵大树的树下，身上就是舒服的，踩着这棵大树下的土壤，脚都不烫了"。张林听他说的玄乎，自然不信，便用手挨个儿去试，果然发现不同，这棵树的树干确实是凉的，而其他树的树干都是温的。

张林更加喜爱这棵大树了，先后咨询了不少专家，却都没得到准确的答案，后来才得知这是一株湖北紫荆，其冠大、叶厚、根深，长势旺，树液流动快，吸收的水分也都是深层的地下水，整棵树形成了完美的阴凉小环境，所以它的树干才是凉的。张林如获至宝，以湖北紫荆为起点，开启了紫荆属植物研发之路，投身紫荆事业，实现紫荆梦。

2.3 耐旱

湖北紫荆耐旱能力强，其根系兼具深度与广度。在紫荆庄园施工时发现，一株十几厘米的湖北紫荆，其根深基本都在2m以上，其根扎的不仅深而且远，在10m外的地方依然可以发现湖北紫荆的根系。有如此庞大的根系，湖北紫荆在含沙量大、干旱、贫瘠的土壤下，依然可以健康生长。

2.4 耐水淹

湖北紫荆的耐水淹能力较强，这一结论来源于苗圃中的一次积水事件。四季春园林的一个苗圃中有一处低洼地，低洼地里栽植着许多湖北紫荆，一场连夜雨让低洼地成了小水塘，积水太多，短时间内无法排出，人们都以为这批湖北紫荆要被水淹死了，毕竟水已经没过树干近 10cm，地下一半的树根完全泡在水里。结果这批湖北紫荆竟然没有受到影响，其耐水淹能力也得到了验证。

2.5 抗病虫害

湖北紫荆是一种抗病虫害能力较强的树种，多年来栽培未发现重大疫病和灭生性害虫，病虫害少，易于养护。

2.6 对土壤要求不严

湖北紫荆适应性强，在贫瘠的山坡、露岩缝中均能健壮生长。

2.7 根系发达，固氮、固土能力强

湖南农业大学翟辉在毕业论文《湘西不同植被对土壤肥力质量的效应研究》中阐述了湖北紫荆能改善土壤肥力的特点。此外，湖北紫荆根系发达，扎根深且广，能有效防止水土流失。上页图为河南省紫荆属植物工程技术研究中心施工现场的一株湖北紫荆，不仅在 2m 深的地方分布根系，在距离此处 10m 远的地方依然有根系，这也证明了湖北紫荆具有非常强大的根部系统。

2.8 "刚柔并济"抗风折

湖北紫荆的枝条非常柔软，加之扎根深，两大特点决定了其抗风能力强，适合沿海台风地区栽植。下图所示为郑州市某处道路节点，大风将右侧的刺槐和法桐的枝条都吹断了，但湖北紫荆因枝条柔软而免于折断，其抗风性比多数大乔木更出色。

2.9 生长势恢复快

湖北紫荆的生长势恢复很快，几乎没有缓苗期。与法桐相比，当年裸根截干，定植 5 个月后的生长势对比明显。

湖北紫荆抗风性强

1 说明

（1）云南紫荆（*C. yunnanensis* Hu & Cheng）已被确认是湖北紫荆的异名。

（2）"巨紫荆（*Cercis gigantea*）"的名称为无效发表，将巨紫荆归类到湖北紫荆（*Cercis glabra*）。

2 相关研究记载

（1）根据卫兆芬的中国无忧花属、仪花属和紫荆属资料得知如下。

湖北 (Hubei) 兴山，李洪均 1685、269；巴东，胡启明 415；神农架，神农架考查队 32760；同地，鄂植考查队 25440；无产地，陈焕镛 4143。

四川 (Sichuan) 奉节，周洪富、栗和毅 107671；巫山，Tso-Pin Wang 10352，宣汉，方文培 10260；开县，方文培 10203；南川，俞德俊 2893；同地，熊济华、周子林 91195、93052。

云南 (Yunnan) 昆明，刘慎愕 15679；同地，俞德浚 21075；同地，郑万钧 11000；丽江，冯国楣 2666；同地，赵裕华 20583；广南，王启无 87563。

贵州 (Guizhou) 贵阳，邓世纬 90029；清镇，邓世纬 90029B，安龙，张志松、张永田 5424；印江，张志松、党成忠等 402514。

广西 (Guangxi) 田林，李中提，600958。

广东 (Guangdong) 乳源，高锡朋 53036、53378、53930、53902；同地，郭素白 80146。

浙江 (Zhejiang) 天目山，复旦大学生物系。

安徽 (Anhui) 无产地，秦仁昌 3145；黄山，严增南 2533。

陕西 (Shanxi) 眉县，傅坤俊 3713。

分布 湖北西部至西北部、陕西西南部至东南部、四川东北部至东南部、云南、贵州、广西西北部、广东北部以及湖南、浙江、安徽、河南等地。生于海拔 600~1900m 山地疏林或密林中，山谷、路旁或岩石。

信息来源于广西植物 Guihaia 3 (1):11—17.1983。

（2）根据陈子牛，毛芳芳的云南紫荆矮林的植物结构及生态特征得知如下。

昆明西山的石灰岩裸露地区有散生的云南紫荆，局部呈小片矮林状。

西山的云南紫荆矮林，云南紫荆居上层，在乔木层内冲天柏（*Cupressus duclouxiana*）、华山松（*Pinus armandii*）极少出现，比例不足 5%。云南紫荆矮林呈纯林状态，且枝叶繁茂，花盛果丰，表明云南紫荆在滇中高原亚热带半湿润气候区的西山石灰岩山地能良好生长，因此，通过分析西山的云南紫荆矮林，了解其生物学特性、生态习性对经营利用云南紫荆具有重要意义。

信息来源于云南林业科技 *Yunnan Foreshy Science and Technology* 第 1 期 总 第 86 期 1999 年 3 月。

（3）根据 2004 版中国植物志得知如下。

产湖北西部至西北部、河南西南部、陕西西南部至东南部、四川东北部至东南部、云南、贵州、广西北部、广东北部、湖南、浙江、安徽等地。生于海拔 600~1900m 的山地疏林或密林中；山谷、路边或岩石上。

（4）根据陈爱葵，谢婕，苏玉娣的云南紫荆的核型分析得知如下。

主要分布在云南、贵州、四川、陕西等地，在云南主要分布在滇中及大理、大姚、丽江等海拔 1500~2200 m 的石灰岩山地。

信息来源于广东教育学院学报第 25 卷第 3 期。

（5）根据李中岳的珍稀濒危树木巨紫荆，得知如下。

巨紫荆在浙江天目山、安徽南部和大别山、湖南、湖北、广东等地海拔 600~1500 m 地带有零星分布，数量极少，大树更不多见。在安徽黄山清凉峰自然保护区大尖台山谷边，海拔 1050 m 阳坡山腰花岗岩发育的微酸性山地黄棕壤上，生长着一株巨紫荆，挺立于小叶青冈、绿叶干姜、连蕊茶、香果树等常绿、落叶阔叶林中。

信息来源于园林，2006 年 07 期。

（6）根据翟辉，翟星的珍稀的生态经济型花木——湘西巨紫荆得知如下。

湘西巨紫荆为豆科紫荆属落叶大乔木，当地俗称马蹄树或炒米花，属湖南省珍稀的乡土树种，分布区域狭小，林木存量有限，现发现仅分布于湘西自治州永顺县高坪乡西米村三支箭山一带。三支箭山有林地 2300 亩，地处永顺县羊峰山东南 40 公里处，最高海拔 923.9m，自 20 世纪 80 年代初开始封山禁伐。据初步统计，目前在海拔 600~900m 区域成片分布的巨紫荆有 1000 余株。

数据来源于中国林业，2010，8B。

（7）根据汪长根等的安徽省九龙峰自然保护区珍稀濒危植物多样性分析得知如下。

汪长根等在对安徽省九龙峰自然保护区珍稀濒危植物调查时，发现有巨紫荆存在。

信息来源于安徽林业科技，2014（05）。

3 小结

湖北紫荆主要分布在四川盆地周边山林中，即汉中—川北、川西、湘西、鄂西、云贵山群；湖北紫荆在长江流域各山有零星分布。

注：①1亩 ≈ 667m²

4 湖北紫荆的自然标本记录

湖北紫荆标本采集地（节选）

采集日期	省（自治区、直辖市）	市（县、州）	采集地	生境	海拔（m）	备注
19810921	安徽省	六安市	金寨县 白马寨林场 虎形地	山谷坡地	1000	
19840229	福建省	厦门市	鼓浪屿	栽培		灌木
19500924	甘肃省	兰州市	北山	山坡偏阴处	2150	
20110829	甘肃省	陇南市	徽县小陇山自然保护区东沟		1000~1300	
19331007	广东省	韶关市	乳源县 大领脚石山	石山混交林业		
19770603	广西壮族自治区	百色市	隆林各族自治县岩茶公社			
19590922	贵州省	安顺市	平坝县永坝	山谷灌丛中	1500	灌木
19830/21	贵州省	贵阳市	花溪	林下		
198905	贵州省	六盘水市	盘县羊场			
19981014	贵州省	黔西南布依族苗族自治州	安龙县平乐乡下渔浪村	林中	1200~1450	
19590815	贵州省	铜仁市	沿河县 岩门口山坡上	阴处，密林中	720	乔木
19590710	贵州省	威宁彝族回族苗族自治县	黑石头区	山谷阳处	2000	
20160531	贵州省	遵义市	道真县 阳溪镇	中生、阳性、中温、野生植物	1199.2	
20140812	河南省	三门峡市	灵宝县老鸦岔亚武山林区泉嘉玉林区			
20120423	湖北省	神农架林区	松柏镇麻湾村	山坡疏林中	1474.63	常绿灌木
	湖北省	宜昌市	湖北省兴山县		750	

续表

采集日期	省（自治区、直辖市）	市（县、州）	采集地	生境	海拔（m）	备注
19800509	湖南省	常德市	石门县 南坪公社英雄大队阴坡生产队	石灰岩坡地	1300	
19860804	湖南省	怀化市	沅陵县 绞木溪	山坡	360	
19810807	湖南省	吉首市	德夯	路边	100	
19810825	湖南省	邵阳市	城步县			乔木
19581013	湖南省	湘西土家族苗族自治州	花垣县 董马库		750	
20160517	湖南省	张家界市	张家界国家森林公园空中田园	山坡疏林	900	乔木
20160309	湖南省	长沙市	中南林业科技大学校内		40	乔木
20110418	江苏省	南京市	中国科学院南京植物研究所南园	湖边		乔木
20170429	山东省	济宁市	金乡县金平湖北岸西段	绿化带	35.34	灌木
20130327	陕西省	安康市	宁陕县 广货街	山坡路旁	1200	灌木
19580831	陕西省	宝鸡市	太白县 区马耳山		0	
20110425	陕西省	汉中市	佛坪县观音山自然保护区		1000	
19970610	四川省	眉山市	洪雅县			
19300826	四川省	绵阳市	平武县 Road leading to Lung-an-fu	Forming open forest	1500	
198406	云南省	昆明市	西山		2400	
19390907	云南省	丽江市	巨甸里白粉墙江边		0	乔木
19561024	云南省	昭通市	严家山	丘陵区	0	乔木

续表

采集日期	省（自治区、直辖市）	市（县、州）	采集地	生境	海拔（m）	备注
19570502	浙江省	临安市	天目山三里亭	西南山坡路边		灌木
19561013	浙江省	台州市	天台县		0	
20100901	重庆市	城口县	高楠乡岭南村姚家河保护区	溪边	1210	乔木
19790714	重庆市	涪陵区	彭水　六角区			落叶乔木
20040711	重庆市	重庆市	巫溪县　通城乡	山坡路旁灌木丛中	1370	

5　湖北紫荆的现代园林应用分布

湖北紫荆的自然分布范围非常广泛，标本发现于山东、河南、陕西、甘肃、四川、重庆、湖北、安徽、江苏、浙江、湖南、贵州、云南、广西、广东、福建等地。除自然分布外，已知的湖北紫荆园林栽植地还有河北、北京、天津、辽宁（大连）、新疆（阿拉尔）等地。

截止到 2019 年 5 月，湖北紫荆首个园艺品种'四季春 1 号'的应用城市有：北京、天津、河北石家庄、河北衡水、山东临沂、河南开封、河南郑州、河南许昌、河南汝州、陕西西安、江苏南京、江苏盐城、湖北武汉、湖北荆州、浙江杭州、浙江宁波、重庆、湖南常德、贵州遵义、福建福州、福建漳州、云南昆明。

1 国家层面对紫荆属研究支持概况

1.1 《植物新品种保护名录》

2012年12月25日，国家林业局（现国家林业和草原局）把紫荆属（*Cercis*）列入《中华人民共和国植物新品种保护名录（林业部分）》（第五批），2013年4月1日起施行。其中，《中华人民共和国植物新品种保护名录（林业部分）》（第一批）发布时间是1999年4月22日，紫荆属的列入时间相对较晚。

《种子法》规定："国家实行植物新品种保护制度。对国家植物品种保护名录内经过人工选育或者发现的野生植物加以改良，具备新颖性、特异性、一致性、稳定性和适当命名的植物品种，由国务院农业、林业主管部门授予植物新品种权，保护植物新品种权所有人的合法权益。"也就是说，只有列入国家植物品种保护名录的植物，才有权申请植物新品种权，才能受到相应的法律保护。国内首个紫荆属植物新品种的品种权申请日是2013年4月1日，与紫荆属列入《名录》开始施行的日期是同一日。可见，在2013年4月1日前研究出的紫荆属新品种却无法申请新品种权的情况是存在的。

1.2 《主要林木目录》

《中华人民共和国主要林木目录（第一批）》于2001年5月22日国家林业局（现国家林业和草原局）第二次局务会议通过，2001年6月1日国家林业局（现国家林业和草原局）令第3号公布，自公布之日起施行。豆科中的蝶形花亚科和含羞草亚科均在《目录》内，紫荆属所在的云实亚科未列入其中。

《中华人民共和国主要林木目录（第二批）》于2016年7月25日国家林业局（现国家林业和草原局）局务会议审议通过，自2016年9月20日起施行。云实亚科中有7种植物列入其中，但仅包含紫荆属中的紫荆（*Gercis chinensis* Bunge）一种，本属其他具有优良性状的种，尚未被列入。

1.3 《国家储备林树种目录》

2014年，国家林业局（现国家林业和草原局）出台《国家储备林树种目录》，明确34科63属共97个国家储备林树种的名称、科属、材质特征和主要适生区域。列入《目录》的树种包括松、杉、毛竹等主要用材树种和花榈木、降香黄檀等珍稀树种，还有泡桐、楸树、银杏、白蜡、元宝枫、椴树和榉树等常见园林观赏树种，其中大多数为乡土树种。

该《目录》依据《全国木材战略储备生产基地建设规划（2013—2020年）》主要树种（组），结合国家储备林目标，优选确定的种植时间长、培育技术条件较为成熟的树种。《全国木材战略储备生产基地建设规划（2013—2020 年）》按照自然条件、培育树种和培育方式相似的原则，将国家木材战略储备生产基地划分为六大区域 18 个建设基地，确定了各区域的发展方向和重点，以及各建设基地的重点发展树种。各省区可根据区域自然特点和条件等选择适宜树种，划定地方特色鲜明的国家储备林资源。截止到目前，国家储备林尚未把包括湖北紫荆、垂丝紫荆、广西紫荆在内的紫荆属任一种列入《国家储备林树种目录》。

对紫荆属植物来说，相关从业人员若不能足够重视，不能把研究做透，不能把产业做好，也就很难会引起国家的重视。我国是紫荆属植物的核心分布区，全世界一半以上的紫荆属植物都原产于这里，但除了传统的灌木紫荆作为常见的园林花灌木广泛应用外，其余种类均处于浅层或尚未开发阶段。

2 湖北紫荆的生产现状

湖北紫荆是我国的原生种，在我国半数以上省份均有自然分布，适应范围非常广泛，是出色的乡土树种，但在生产上依然存在诸多问题，有三种情况普遍存在：

2.1 零星生产原生种实生苗，很多地方存在盗挖盗采野生资源现象

当前，湖北紫荆的园林苗木生产，还主要停留在少量播种繁殖阶段，出圃苗木标准化程度低，苗木品质参差不齐，规模化、标准化无性繁殖方式有待进一步深化。除此之外，盗挖野生资源的现象也比较常见，一些苗圃急功近利，不惜违法盗挖珍稀野生湖北紫荆资源，截干发冒，成活率低，景观效果差，对环境造成了很大的破坏，对种质资源也造成了极大的浪费。

2.2 破坏性采种，造成生态资源严重破坏

部分苗木生产者甚至科研人员在野外收集湖北紫荆种子时，不仅没能很好地保护，还造成了严重的破坏。破坏性采种在很多地方都普遍存在，是造成湖北紫荆野生资源逐年减少的主要原因之一。

2.3 忽视种群区域性问题，引种损失大

由于湖北紫荆的南北分布区域很大，在引种栽培时，很多种植者没有注意到种群区域性问题，引种后，引种栽植的立地条件与原生态环境不一致（尤其耐寒性问题），导致引种种植失败，造成重大损失者很多。如山东昌邑有 批湖北紫荆与湘西的湖北紫荆表型性状相似，其耐寒性存在问题，园林应用时需格外慎重。

3 湖北紫荆的研究现状

国内对紫荆属植物的研究尚处于浅层阶段，在新品种研发领域，国外的加拿大紫荆从 20 世纪 90 年代开始先后研发出 20 余个园艺品种，而国内的湖北紫荆，至 2011 年后才有新品种问世。

国际上首个湖北紫荆的园艺品种就是河南四季春园林艺术工程有限公司培育的'四季春 1 号'，该品种于 2011 年问世，2013 年申请新品种权，2014 年获得《植物新品种权

证书》。在'四季春1号'问世后的7年内，该公司相继研发出20多个湖北紫荆新品种，其中有6个获得了新品种权保护。四季春园林基于多年积累的种质资源优势和庞大的人才队伍，在新品种研发方面用时短、效率高、成果卓著，其研发势头较国外苗木界更为强劲。

4 湖北紫荆的"伪新品种"

湖北紫荆的首个红花新品种'四季春1号'上市后，园林应用效果格外显著，因此，湖北紫荆这一树种也受到大量关注，但与此同时，一些冒充的湖北紫荆新品种也开始在市场上活跃，统称其为"伪新品种"。

市场上出过多个湖北紫荆"伪新品种"，比较典型的有两种：一种是将传统灌木紫荆进行乔木化培养，冒充'四季春1号'，或声称是湖北紫荆新品种。只不过灌木与乔木有着先天性的差异，即使进行独干培养也不可能长成湖北紫荆那样的高度与冠幅，其枝干分布特征也完全不同，更达不到真正新品种的效果。所以这

左图：破坏性采种
右图：用灌木紫荆嫁接乔木的湖北紫荆，
生长不良易风折

类夹在紫荆与湖北紫荆新品种之间的畸形产品，并不存在多少市场价值。

第二种"伪新品种"是有些人用湖北紫荆作砧木嫁接传统灌木紫荆，同样号称自己培养出了湖北紫荆的园艺新品种。不过，用湖北紫荆嫁接传统灌木紫荆有 1 个突出问题，即不同种植物嫁接亲和力差，不仅成活率低、生长表现差，遇风还极易折断，可以断定这类"伪新品种"产品没有任何市场价值，因此就很快被市场淘汰了。

5 紫荆属植物的繁殖技术与方法

紫荆属植物常用播种、扦插、嫁接和组培繁殖等方法进行繁殖，以播种为主。其中，播种繁殖作为传统的繁殖方式，一直被生产所沿用。

5.1 播种

种子处理：通常采用浓硫酸、赤霉素、GA_3 等处理之后，再经过沙藏、温水浸泡或两者相结合的方法处理种子，从而打破休眠，提高发芽率。

播种繁殖一般在 3~4 月份。温度以 20~25℃为宜，并注意通风和及时灌水。

5.2 扦插

嫩枝扦插的扦插成活率、生长量均高于硬枝扦插苗。

5.3 嫁接

接穗：一般采取无病虫害的 1~2 年或当年生半木质化枝条。

嫁接方式：有芽接、枝接和插皮接等。

砧木选择：一般采用 1~3 年生根系发达、生长健壮、成活率高、接株生长快的移植苗。

5.4 组织培养

目前，对于紫荆属植物组织培养快繁研究的相关报道，主要集中在幼胚和茎尖进行快繁技术的研究。组织培养一般包括外植体的消毒、接种、灭菌、增值培养、继代培养和生根培养，以及移栽驯化等环节。由于该方法步骤繁琐、操作严格，目前在紫荆属植物生产中，很少用于大规模的生产。

紫荆属植物组培育苗技术主要表现在移栽、定植、苗期管理等方面。

第五章　湖北紫荆的优良新品系选育

湖北紫荆在我国众多省市均有分布，在不同的气候环境下有着不同的植株表现，大量收集种质资源，是新品系选育的根基。

1994 年查阅有关文献所述的湖北紫荆自然分布范围，1995—2001 年指派专业技术人员于湖北紫荆花期 3~4 月开展优良单株的初选工作。对广东北部，浙江临安的西天目山、昌化的龙塘山和安吉的龙王、湖北武当山、贵州遵义、安徽大别山、湖南张家界、四川北部和东南部、广西北部、河南洛宁、嵩县等地区开展资源普查，通过实地调查和走访当地群众，收集了一批花色艳丽、丰花、叶型整齐、冠型美观的优良单株。

根据湖北紫荆在园林绿化工程中的主要用途，结合生产性指标，咨询专家建议，制订出湖北紫荆优良品系评价标准（表 5-1）。依据表 5-1 评价标准对收集的湖北紫荆资源评价，选出 16 个优良单株（表 5-2）。

表 5-1　湖北紫荆优树评价标准

序号	项目	指标	得分值				
			5	4	3	2	1
1	冠型	圆整伞形	圆整伞形	圆整头型	较圆整伞型	有偏冠伞形	有偏冠不规则
2	开花状况	浓密、着花均匀	浓密、着花均匀	浓密、着花较均匀	浓密、着花不均匀	较稀、着花均匀	稀疏、着花不均匀
3	叶色叶相	浓绿、厚有光泽	浓绿、较肥厚有光泽	较绿、较厚有光泽	较绿、较厚有光泽	新叶黄红、叶薄无光泽	新叶黄、叶薄无光泽
4	果实性状	绿	黄绿	红	紫红	紫红	紫红
5	抗性	受病虫害危害程度	无病虫害	老叶有角斑病、无脱落	老叶有叶斑病开始脱落、有天牛危害	老叶有叶斑病开始脱落严重、有天牛危害	老新叶均脱落有天牛危害

表 5-2 湖北紫荆入选优良单株性状

编号	树龄（年）	树高（m）	胸径（cm）	冠幅（m）	冠形	花色	花量	生长地	干高（m）	备注
S-1	28	18.3	29.5	5.5×5	圆头形	粉红	丰花	庭院内	8.5	贵州遵义市红花岗
S-2	36	15.8	32.8	7.5×7.8	伞形	粉红	丰花	坡地	8	贵州遵义市白腊坎
S-3	22	12.8	23.1	4.3×4.5	长椭圆形	粉红	丰花	坡底	6.8	洛阳市洛宁县兴华乡兴华村
S-4	25	17.5	27	6.7×7.5	伞形	粉红	丰花	山坡中部	8	洛阳市嵩县车村镇
S-5	38	15.7	30.7	8.5×8.5	伞形	粉红	丰花	池塘边	8.5	广东韶关市桂头
S-6	不详	16.3	40.5	10.5×9.5	伞形	粉红	丰花	池塘边	6.5	湖北神农架阳日湾
S-7	29	15.4	24.5	6.5×6.7	圆头形	粉红	丰花	山坡	5.8	湖北十堰武当山附近的六里坪镇
S-8	27	13.8	28.4	6.5×6.5	伞形	粉红	丰花	河滩		湖南张家界猪石头林场
S-9	不详	20	45.6	11.7×12.5	伞形	粉红	丰花	庭院内		湖北秭归三斗坪
S-10	32	16.9	28.7	8.5×8.5	伞形	粉红	丰花	池塘边		安徽金寨江店
S-11	30	15.7	22.7	8×8	圆头形	粉红	丰花	谷底		陕西安康老县
S-12	25	17.2	27.9	6.5×5.5	长椭圆形	粉红	丰花	山顶		陕西南郑牟农坝
S-13	32	16.1	28.9	6×6.5	圆头形	粉红	丰花	河滩		四川宜宾翠屏山
S-14	不详	18.7	48.5	12×12	伞形	粉红	丰花	庭院		浙江临安西天目山
S-15	不详	14.5	39	8.5×8.5	伞形	粉红	丰花	坡底		广西富川白沙
S-16	不详	16.9	46	9.5×9.8	圆头形	粉红	丰花	谷底		浙江安吉龙王

第二节 优良单株繁殖及早期鉴定

1 优良单株繁殖

对入选的 16 个优良单株秋季采集种子，夏季按编号采集种条，采用"丁"字形芽接，嫁接到苗圃内，第二年在嫁接口上 5cm 处剪砧，及时除蘖、浇水、施肥、防虫等管理。年底统计苗木数量及苗木生长量（表 5-3）。

表 5-3　湖北紫荆优良单株嫁接成活及苗生长情况 1995 年

编号	嫁接株数	成活株数	成活率（%）	平均苗高（cm）	平均地径（cm）
S-1	520	488	93.8	237	1.83
S-2	489	463	94.7	216	1.67
S-3	613	528	86.1	232	1.76
S-4	528	464	87.9	229	1.80
S-5	607	498	82.0	218	1.91
S-6	721	546	75.7	217	1.83
S-7	594	472	79.5	223	1.95
S-8	645	524	81.2	228	1.67
S-9	454	421	92.7	231	1.75
S-10	529	481	90.9	212	1.89
S-11	596	555	93.1	220	1.65
S-12	675	596	88.3	189	1.84
S-13	701	671	95.7	207	1.69
S-14	627	566	90.3	232	1.85
S-15	682	627	91.9	192	1.72

续表

编号	嫁接株数	成活株数	成活率（%）	平均苗高（cm）	平均地径(cm)
S-16	618	584	94.5	230	1.80

根据灰色关联分析原理，2 个因素数据序列之图形的相似程度来判断其相关性强弱，灰色关联分析如下：

设系统行为序列：

$X_0 = (x_0(1)，x_0(2)，\cdots，x_0(n)，$

$X_1 = (x_1(1)，x_1(2)，\cdots，x_1(n))$

$\cdots \quad\quad \cdots \quad\quad \cdots$ ，

$X_i = (x_i(1)，x_i(2)，\cdots，x_i(n))$

$\cdots \quad\quad \cdots \quad\quad \cdots$ ，

$X_m = (x_m(1)，x_m(2)，x_m(n))$

对于序列

$X_i = (x_i(1)，x_i(2)，\cdots，x_i(n)$，记折线

$(x_i(1)-x_i(1)，x_i(2)-x_i(n))-x_i(1)$ 为 $X_i - x_i(1)$

令 $s_i = \int_1^0 (X_i - x_i(1))dt$，

设系统行为序列

$X_i = (x_i(1)，x_i(2)，\cdots，x_i(n))$，D 为序列算子，且

$$X_iD = (x_i(1)d,x_i(2)d,\cdots,x_i(n)d)$$

其中，

$x_i(k)d = x_i(k)-x_i(1)，k=1，2\cdots，n$，

则称 D 为始点零化算子，X_iD 为 X_i 的始点零化象，记为

$$X_i^0 = (x_j^0(1),x_j^0(2)，\cdots，x_j^0(n))$$

设系统行为序列

$X_i = (x_i(1)，x_i(2)，\cdots，x_i(n))$

$X_j = (x_j(1)，x_j(2)，\cdots，x_j(n))$

的始点零化象分别为：

$X_i^0 = (x_i^0(1),x_i^0(2),\cdots,x_i^0(n))，X_j^0 = (x_j^0(1),x_j^0(n))$

令 $s_i - s_j = \int_1^0 (X_i^0 - X_j^0)dt$

则称

$$\varepsilon_{ij} = \frac{1+|s_i|+|s_j|}{1+|s_i|+|s_j|+|s_i-s_j|}$$

为 X_i 与 X_i 的灰色绝对关联度.

得数据如表 5-4。

根据灰色关联度分析及田间调查可知，各新品系嫁接成活率之间有一定的差异，主要原因是树龄差别大，种条不一致造成。从苗木高度生长量来看，新品系 S-1、S-4、S-5、S-6、S-9、S-12、S-13、S-15、S-16 表现生长一致，生长量也比较大。苗木地径关联度比较高，也既是苗木地径粗差异不明显。

2 湖北紫荆优良单株早期鉴定

1996 年春，我们将初选的 16 个优良单株嫁接苗，按田间随机排列，3 株 / 小区，6 次重复，定植于淮阳县河南四季春园林艺术公司苗圃内进行早期测定。该苗圃地为砂壤土，土壤含氮 25mg/kg，磷 12mg/kg，钾 15mg/kg，有机质 0.3%，pH7.2。3 月 6 日选苗木大小一致，根系完整，无病虫害的供试优良单株嫁接苗，按行株距 2m×2m 密度定植。按苗木常规栽培进行管理。每年测定苗高、地径、新梢生长量、成花株率等生长指标。

表 5-4 新品系育苗各项指标的关联度

成活率	S-1	S-2	S-3	S-4	S-5	S-6	S-7	S-8	S-9	S-10	S-11	S-12	S-13	S-14	S-15	S-16
S-1	1	0.7396	0.75	0.7264	0.7068	0.9726	0.7507	0.7306	0.8525	0.7589	0.7927	0.7356	0.7691	0.7712	0.7669	0.8644
S-2	0.7396	1	0.8997	0.9052	0.8225	0.7396	0.89	0.9406	0.7548	0.8797	0.763	0.9705	0.7836	0.7732	0.7942	0.7535
S-3	0.75	0.8997	1	0.8368	0.7789	0.7506	0.9843	0.8599	0.7714	0.9065	0.7855	0.8801	0.8189	0.8026	0.8354	0.7693
S-4	0.7264	0.9052	0.8368	1	0.8837	0.7261	0.8303	0.9561	0.7378	0.7956	0.7432	0.9279	0.7571	0.75	0.7644	0.7368
S-5	0.7068	0.8225	0.7789	0.8837	1	0.7063	0.7749	0.856	0.715	0.7523	0.7186	0.8373	0.7275	0.723	0.7322	0.7144
S-6	0.9726	0.7396	0.7506	0.7261	0.7063	1	0.7515	0.7304	0.8644	0.7602	0.7981	0.7355	0.7716	0.7742	0.7692	0.8775
S-7	0.7507	0.89	0.9843	0.8303	0.7749	0.7515	1	0.8522	0.7732	0.9173	0.7884	0.8714	0.8242	0.8068	0.8417	0.7709
S-8	0.7306	0.9406	0.8599	0.9561	0.856	0.7304	0.8522	1	0.7433	0.8114	0.7497	0.9671	0.7662	0.7578	0.7747	0.7423
S-9	0.8525	0.7548	0.7714	0.7378	0.715	0.8644	0.7732	0.7433	1	0.7883	0.871	0.7496	0.8149	0.8223	0.8084	0.9766
S-10	0.7589	0.8797	0.9065	0.7956	0.7523	0.7602	0.9173	0.8114	0.7883	1	0.8125	0.826	0.8666	0.8417	0.8917	0.785
S-11	0.7927	0.763	0.7855	0.7432	0.7186	0.7981	0.7884	0.7497	0.871	0.8125	1	0.7569	0.8724	0.8952	0.8552	0.859
S-12	0.7356	0.9705	0.8801	0.9279	0.8373	0.7355	0.8714	0.9671	0.7496	0.826	0.7569	1	0.7753	0.7659	0.7849	0.7484
S-13	0.7691	0.7836	0.8189	0.7571	0.7275	0.7716	0.8242	0.7662	0.8149	0.8666	0.8724	0.7753	1	0.9493	0.9575	0.8086
S-14	0.7712	0.7732	0.8026	0.75	0.723	0.7742	0.8068	0.7578	0.8223	0.8417	0.8952	0.7659	0.9493	1	0.9151	0.8149
S-15	0.7669	0.7942	0.8354	0.7644	0.7322	0.7692	0.8417	0.7747	0.8084	0.8917	0.8552	0.7849	0.9575	0.9151	1	0.803
S-16	0.8644	0.7535	0.7693	0.7368	0.7144	0.8775	0.7709	0.7423	0.9766	0.785	0.859	0.7484	0.8086	0.8149	0.803	1

平均苗高	S-1	S-2	S-3	S-4	S-5	S-6	S-7	S-8	S-9	S10	S-11	S-12	S-13	S-14	S-15	S-16
S-1	1	0.712	0.7299	0.9724	0.8879	0.9306	0.7884	0.7426	0.9861	0.76	0.7329	0.8895	0.95	0.7299	0.9467	0.9861
S-2	0.712	1	0.8439	0.7133	0.7183	0.7154	0.7256	0.7481	0.7109	0.7278	0.8156	0.717	0.7069	0.8439	0.713	0.7109
S-3	0.7299	0.8439	1	0.7316	0.7386	0.7346	0.7503	0.7974	0.7285	0.7544	0.9397	0.7372	0.7235	0.7316	0.7317	0.7285
S-4	0.9724	0.7133	0.7316	1	0.9063	0.9536	0.7958	0.7451	0.9598	0.7644	0.7348	0.9079	0.927	0.7316	0.9699	0.9598
S-5	0.8879	0.7183	0.7386	0.9063	1	0.9432	0.8332	0.7546	0.8793	0.7857	0.7425	0.9984	0.8565	0.7386	0.9272	0.8793
S-6	0.9306	0.7154	0.7346	0.9536	0.9432	1	0.8106	0.7497	0.92	0.7729	0.7381	0.9448	0.8922	0.7346	0.9804	0.92
S-7	0.7884	0.7256	0.7503	0.7958	0.8332	0.8106	1	0.7863	0.7844	0.8729	0.7563	0.8316	0.7731	0.7503	0.803	0.7844

续表

	S-1	S-2	S-3	S-4	S-5	S-6	S-7	S-8	S-9	S-10	S-11	S-12	S-13	S-14	S-15	S-16
S-8	0.7426	0.7481	0.7947	0.7451	0.7564	0.7497	0.7863	1	0.7408	0.8092	0.8172	0.7548	0.7348	0.7974	0.7461	0.7408
S-9	0.9861	0.7109	0.7285	0.9598	0.8793	0.92	0.7844	0.7408	1	0.7574	0.7314	0.8809	0.9623	0.7285	0.9354	1
S-10	0.76	0.7278	0.7544	0.7664	0.7857	0.7729	0.8729	0.8092	0.7574	1	0.7617	0.7801	0.7494	0.7544	0.7677	0.7574
S-11	0.7329	0.8156	0.9397	0.7348	0.7425	0.7381	0.7563	0.8172	0.7314	0.7617	1	0.7411	0.7262	0.9779	0.735	0.7314
S-12	0.8895	0.717	0.7372	0.9079	0.9984	0.9448	0.8316	0.7548	0.8809	0.7841	0.7411	1	0.858	0.7372	0.9288	0.8809
S-13	0.95	0.7069	0.7235	0.927	0.8565	0.8922	0.7731	0.7348	0.9623	0.7494	0.7262	0.858	1	0.7235	0.9059	0.9623
S-14	0.7299	0.8439	1	0.7316	0.7386	0.7346	0.7503	0.7974	0.7285	0.7445	0.9379	0.7372	0.7235	1	0.7317	0.7285
S-15	0.9467	0.713	0.7317	0.9699	0.9272	0.9804	0.803	0.7461	0.9354	0.7677	0.735	0.9288	0.9059	0.7317	1	0.9354
S-16	0.9861	0.7109	0.7285	0.9598	0.8793	0.92	0.7844	0.7408	1	0.7574	0.7314	0.8809	0.9623	0.7285	0.9354	1

平均地径

	S-1	S-2	S-3	S-4	S-5	S-6	S-7	S-8	S-9	S-10	S-11	S-12	S-13	S-14	S-15	S-16
S-1	1	0.9751	0.9662	0.9509	0.918	0.9606	0.9207	0.9683	0.8945	0.9604	0.9787	0.9286	0.9614	0.9865	0.9068	0.9375
S-2	0.9751	1	0.9432	0.9744	0.9387	0.9847	0.9417	0.9928	0.9128	0.9844	0.9962	0.9505	0.9855	0.9882	0.9263	0.9603
S-3	0.9662	0.9432	1	0.9206	0.8911	0.9297	0.8935	0.9368	0.8706	0.9294	0.9465	0.9003	0.9304	0.9537	0.8813	0.9062
S-4	0.9509	0.9744	0.9206	1	0.9612	0.9893	0.9646	0.9813	0.9326	0.9896	0.9708	0.9743	0.9885	0.9623	0.9475	0.9851
S-5	0.918	0.9387	0.8911	0.9612	1	0.9519	0.9962	0.9448	0.9676	0.9521	0.9335	0.9885	0.9511	0.929	0.9845	0.9747
S-6	0.9606	0.9847	0.9297	0.9893	0.9519	1	0.9551	0.9918	0.9244	0.9997	0.981	0.9644	0.9992	0.9733	0.9387	0.9748
S-7	0.9207	0.9417	0.8935	0.9646	0.9962	0.9551	1	0.9479	0.9641	0.9554	0.9385	0.9893	0.9544	0.9319	0.9808	0.9783
S-8	0.9683	0.9928	0.9368	0.9813	0.9448	0.9918	0.9479	1	0.9181	0.9915	0.9891	0.9569	0.9926	0.9812	0.932	0.967
S-9	0.8945	0.9128	0.8706	0.9326	0.9676	0.9244	0.9641	0.9181	1	0.9246	0.91	0.9542	0.9237	0.9043	0.9826	0.9443
S-10	0.9604	0.9844	0.9294	0.9896	0.9521	0.9997	0.9554	0.9915	0.9246	1	0.9808	0.9647	0.9989	0.973	0.9389	0.975
S-11	0.9787	0.9962	0.9465	0.9708	0.9335	0.981	0.9385	0.9891	0.91	0.9808	1	0.9471	0.9818	0.992	0.9233	0.9568
S-12	0.9286	0.9505	0.9003	0.9743	0.9885	0.9644	0.9893	0.9569	0.9542	0.9647	0.9471	1	0.9636	0.9402	0.9705	0.9887
S-13	0.9614	0.9855	0.9304	0.9885	0.9511	0.9992	0.9544	0.9926	0.9237	0.9989	0.9818	0.9636	1	0.9741	0.938	0.9739
S-14	0.9865	0.9882	0.9537	0.9623	0.929	0.9733	0.9319	0.9812	0.9043	0.973	0.992	0.9402	0.9741	1	0.9171	0.9495
S-15	0.9068	0.9263	0.8813	0.9475	0.9845	0.9387	0.9808	0.932	0.9826	0.9389	0.9233	0.9705	0.938	0.9171	1	0.9601
S-16	0.9375	0.9603	0.9062	0.9851	0.9747	0.9748	0.9783	0.967	0.9443	0.975	0.9568	0.9887	0.9739	0.9495	0.9601	1

表 5-5　湖北紫荆优选单株年度生长指标平均值

年度	系号	平均苗高 （cm）	平均地径 （cm）	平均新梢长 （cm）	成花株率 （%）	感病指数 （%）
1997 年	S-1	280	3.1	60	0	0
	S-2	270	2.9	52	0	0
	S-3	273	2.7	51	0	0
	S-4	287	3.1	61	0	0
	S-5	279	2.9	55	0	0
	S-6	262	2.6	48	0	0
	S-7	264	2.7	49	0	0
	S-8	262	2.7	50	0	0
	S-9	283	3	57	0	0
	S-10	252	2.6	46	0	0
	S-11	280	2.9	57	0	0
	S-12	256	2.7	33	0	0
	S-13	266	2.8	51	0	0
	S-14	275	3.1	58	0	0
	S-15	266	2.8	51	0	0
	S-16	274	2.6	52	0	0
1998 年	S-1	388	3.9	81	0	0
	S-2	361	3.6	75	0	0
	S-3	363	3.5	77	0	0
	S-4	391	4	83	0	0
	S-5	387	3.9	82	0	0
	S-6	347	3.6	76	0	0
	S-7	362	3.7	76	0	0
	S-8	366	3.7	75	0	0
	S-9	390	4	85	0	0
	S-10	374	3.8	77	0	0
	S-11	391	4	82	0	0
	S-12	366	3.6	77	0	0
	S-13	352	3.6	77	0	0
	S-14	383	3.9	81	0	0
	S-15	372	3.7	79	0	0
	S-16	375	3.7	79	0	0

续表

年度	系号	平均苗高 （cm）	平均地径 （cm）	平均新梢长 （cm）	成花株率 （%）	感病指数 （%）
	S-1	511	5.2	83	100	0
	S-2	467	4.6	75	78	6
	S-3	467	4.6	74	56	22
	S-4	519	5.1	84	100	0
	S-5	512	5	80	100	0
	S-6	455	4.5	69	72	22
	S-7	459	4.8	76	72	22
1999 年	S-8	473	4.8	74	78	17
	S-9	514	5.2	84	100	0
	S-10	489	4.9	75	94	17
	S-11	509	5.2	84	100	0
	S-12	471	4.6	77	78	6
	S-13	463	4.8	81	78	11
	S-14	508	5.1	82	100	0
	S-15	473	4.7	78	78	11
	S-16	480	4.8	78	89	6

2.1 湖北紫荆新品系主干通直度评价

湖北紫荆在园林绿化应用时一般要求主干通直，干高 3~3.5m，也就是说树干基部 3.5m 段的利用价值最大，为计算简便，我们取树干 3m 段评价。由基部向顶梢每递增 1m 树干段通直情况，1m 长树干段通直评为 1；2m 长树干段通直评为 22；3m 长树干段通直评为 333。对于 3m 段以上部分，可用优于、劣于或相似于基干加以评价。

对各组的评分值（S）按下式计算：

$$S = \sum_{i=1}^{v} \left(v_i \times w_{v+1-i} \right)$$

式中 V_i—表示第 i 位数值；

W_{v+1-i}—表示第 i 位的权重。

表 5-6　湖北紫荆树干通直度评价

系号	评定	评分	秩次	系号	评定	评分	秩次
S-1	333	18	7	S-9	333	18	7
S-2	221	11	3	S-10	221	11	3
S-3	222	12	4	S-11	333	18	7
S-4	333	18	7	S-12	211	9	2
S-5	333	18	7	S-13	111	6	1
S-6	111	6	1	S-14	333	18	7
S-7	232	14	5	S-15	332	17	6
S-8	222	12	4	S-16	221	11	3

第一位数字的权重为 3，每向右移一位权重减 1，至第 3 位，权重为 1。根据田间调查湖北紫荆各新品系主干段曲直情况，按照上述评价标准得表 5-6。由表 5-6 可以看出，新品系 S-1、S-4、S-5、S-9、S-11、S-14 树干通直，S-15 稍曲，S-6、S-13、S-12 最弯曲，其它系号居中。

2.2 生长量比较

1995 年从全国收集优良类型和优良单株新品系 16 个，1997 年进行早期优良性状鉴定。试验结果表明（表 5-5），新品系间幼树高、粗生长差异很大，对其进行方差分析。

表 5-7　幼树地径、树高方差分析

变因	地径				树高				Fa	
	自由度	平方和	均方	均方比	自由度	平方和	均方	均方比	5%	1%
新品系	15	8.34	0.56	9.33**	15	54686.5	3645.77	9.81**	1.71	2.16
年代	2	213.35	106.68	1778.00**	2	2211633.4	1105816.7	2974.62**	3.04	4.70
新品系 × 年代	30	1.63	0.05	0.83	30	13576.6	452.55	1.22	1.51	1.79
误差	240	14.3	0.06		240	89219.0	371.75			
总的	287	237.62			287	2369115.5				

方差分析结果表明（表 5-7），新品系间幼树高、地径生长差异达极显著水平。年代之间生长量差异达极显著水平。新品系与年代互作不显著。说明新品系间差异是由遗传因素决定的。

新品系间幼树高、粗生长多重比较可知（表 5-8、表 5-9），树高 S-4、S-9、S-1、S-11、S-5、S-14、S-16、S-10 差异不显著，S-4 的树高显著或极显著高于其他系号；S-9、S-1 的树高显著高于 S-2、S-12、S-13、S-7、S-6 系号，与其他系号差异不显著；S-11、

S-5 的树高显著高于 S-12、S-13、S-7、S-6 系号；S-14 显著高于 S-6。从早期高生长来看，S-4、S-9、S-1、S-11、S-5、S-14、S-16 等生长较快。地径生长 S-4、S-9、S-1、S-11、S-5、S-14、S-16 等生长较快。地径生长 S-4、S-9、S-1、S-11、S-5 之间差异不显著，除 S-5 与 S-10 外，它们与其他系号显著或极显著差异。因此，S-4、S-9、S-1、S-11、S-5、S-14、S-10 等具有显著或极显著速生优良性状。

表 5-8 早期鉴定苗高多重比较

Si-Sj	Si	s-4	s-9	s-1	s-11	s-5	s-14	s-16	s-10	s-15	s-8	s-3	s-2	s-12	s-13	s-7	s-6	LSD0.05	LSD0.01
S-4	399.06		5.17	6.23	6.56	7.17	13.62	22.84	26.12	28.62*	30.17*	31.56*	32.95*	34.78*	36.62**	38.5**	44.73**	26.72	35.17
S-9	393.89			1.06	1.39	2	8.45	17.67	20.95	23.45	25	26.39	27.78*	29.61*	31.45*	33.33*	39.56**		
S-1	392.83				0.33	0.94	7.39	16.61	19.89	22.39	23.94	25.33	26.72*	28.55*	30.39*	32.27*	38.5**		
S-11	392.50					0.61	7.06	16.28	19.56	22.06	23.61	25	26.39	28.22*	30.06*	31.94*	38.17**		
S-5	391.89						6.45	15.67	18.95	21.45	23	24.39	25.78	27.61*	29.45*	31.33*	37.56**		
S-14	385.44							9.22	12.5	15	16.55	17.94	19.33	21.16	23	24.88	31.11*		
S-16	376.22								3.28	5.78	7.33	8.72	10.11	11.94	13.78	15.66	21.89		
S-10	372.94									2.5	4.05	5.44	6.83	8.66	10.5	12.38	18.61		
S-15	370.44										1.55	2.94	4.33	6.16	8	9.88	16.11		
S-8	368.89											1.39	2.78	4.61	6.45	8.33	14.56		
S-3	367.5												1.39	3.22	5.06	6.94	13.17		
S-2	366.11													1.83	3.67	5.55	11.78		
S-12	364.28														1.84	3.72	9.95		
S-13	362.44															1.88	8.11		
S-7	360.56																6.23		
S-6	354.33																		

表 5-9 早期鉴定地径多重比较

Si-Sj \ Si	Si	s-4	s-9	s-1	s-11	s-14	s-5	s-10	s-13	s-16	s-15	s-8	s-12	s-2	s-7	s-3	s-6	LSD0.05	LSD0.01
S-4	4.1		0.03	0.04	0.08	0.09	0.14	0.28**	0.3**	0.32**	0.34**	0.37**	0.39**	0.4**	0.43**	0.48**	0.54**	0.16	0.21
S-9	4.07			0.01	0.05	0.06	0.11	0.25**	0.27**	0.29**	0.31**	0.34**	0.36**	0.37*8	0.4**	0.45**	0.51*8		
S-1	4.06				0.04	0.05	0.1	0.24**	0.26**	0.28**	0.3**	0.33**	0.35**	0.36**	0.39**	0.44**	0.5**		
S-11	4.02					0.01	0.06	0.20**	0.22**	0.24**	0.26**	0.29**	0.31**	0.32**	0.35**	0.40**	0.46**		
S-14	4.01						0.05	0.19*	0.21**	0.23**	0.25**	0.28**	0.3**	0.31**	0.34**	0.39**	0.45**		
S-5	3.96							0.14	0.16*	0.18*	0.2	0.23**	0.25**	0.26**	0.29**	0.34**	0.4**		
S-10	3.82								0.02	0.04	0.06	0.09	0.11	0.12	0.15	0.2*	0.26**		
S-13	3.8									0.02	0.04	0.07	0.09	0.1	0.13	0.18*	0.24**		
S-16	3.78										0.02	0.05	0.07	0.08	0.11	0.16*	0.22**		
S-15	3.76											0.03	0.05	0.06	0.09	0.14	0.2*		
S-8	3.73												0.02	0.03	0.06	0.11	0.17*		
S-12	3.71													0.01	0.04	0.09	0.15		
S-2	3.7														0.03	0.08	0.14		
S-7	3.67															0.05	0.11		
S-3	3.62																0.06		
S-6	3.56																		

表5-10 湖北紫荆新品系初评

优树名称	干性	冠型	开花状况	叶色叶相	冠体大小	冠幅	生长速度	健康状况	综合分数
S-1	18	4	5	5	5	5	5	5	52
S-2	11	3	3	5	4	5	3	4	38
S-3	12	3	2	4	4	5	3	2	35
S-4	18	4	5	5	4	5	5	5	51
S-5	18	4	5	5	5	5	5	5	52
S-6	6	4	4	5	5	5	2	2	33
S-7	14	4	3	4	4	4	3	2	38
S-8	12	4	4	5	4	4	3	3	39
S-9	18	4	5	5	5	5	5	5	52
S-10	11	5	5	5	4	4	4	3	41
S-11	18	4	5	5	4	4	4	5	49
S-12	9	4	4	4	3	4	3	4	35
S-13	6	4	4	5	3	3	3	3	31
S-14	18	4	5	5	4	5	5	5	51
S-15	17	3	4	4	3	3	3	3	40
S-16	11	4	4	5	3	3	3	4	37

根据表5-1湖北紫荆优树评选标准，结合树干通直度评价和LSD多重比较。通过对16个新品系早期生长综合评价，S-1、S-5、S-9综合得分52，S-4、S-14综合得分51，S-11得分49，其他系号在45分以下，因此，上述6个新品系为早期鉴定的优良新品系。

2.3 物候期观测及造林试验

为进一步明确6个新品系的各性状，2000年春我们在郑州河南四季春园林艺术工程有限公司苗圃、南阳南召城郊、周口淮阳城关、洛阳洛宁城关、焦作中站区等区域对6个新品系营造试验林。株行距2m×3m，挖栽植穴0.6m见方，选择各新品系无病虫、大小一致、生长健壮的2年生嫁接苗栽植。田间随机区组排列，6株小区，3次重复。试验林常规栽培管理，措施一致。记录物候期、各生长指标及树形指数。

表 5-11　各试验点基本概况

试验地点	基本概况						
	土壤种类	含 N (mg/kg)	含 P (mg/kg)	含 K (mg/kg)	含有机质 (%)	pH	地势
郑州	砂壤	25	12	15	0.3	7.2	平原
南阳	棕壤	27	15	35	0.2	6.9	丘陵
周口	砂壤	26	12	24	0.3	7	平原
洛阳	黄壤	12	13	35	0.2	7.1	丘陵
焦作	壤土	25	15	18	0.3	7	平原

2.3.1　物候期观测

各试验点统一规定，每个新品系选定 3 株，分别在东、西、南、北各方向的树冠中上部大枝，定期观测记录物候变化。

表 5-12　各新品系物候期观测（郑州）（日 / 月）

年度	系号	芽萌动	展叶	花期		果实生长期		新梢生长		落叶期
				初花	末花	现果	果实成熟	始期	结束	
2003	S-1	18/3	5/4	15/3	8/4	20/4	10/10	21/4	25/6	18/11
	S-4	20/3	7/4	17/3	8/4	20/4	10/10	21/4	25/6	18/11
	S-5	17/3	6/4	14/3	8/4	20/4	10/10	21/4	25/6	18/11
	S-9	18/3	5/4	15/3	8/4	20/4	10/10	21/4	25/6	18/11
	S-11	18/3	5/4	15/3	8/4	20/4	10/10	21/4	25/6	18/11
	S-14	21/3	7/4	15/3	8/4	20/4	10/10	21/4	25/6	18/11
2004	S-1	15/3	8/4	12/3	10/4	15/4	15/10	20/4	20/6	20/11
	S-4	15/3	8/4	13/3	10/4	15/4	15/10	20/4	20/6	20/11
	S-5	15/3	8/4	11/3	10/4	15/4	15/10	20/4	20/6	20/11
	S-9	15/3	8/4	12/3	10/4	15/4	15/10	20/4	20/6	20/11
	S-11	15/3	8/4	12/3	10/4	15/4	15/10	20/4	20/6	20/11
	S-14	15/3	8/4	12/3	10/4	15/4	15/10	20/4	20/6	20/11

续表

年度	系号	芽萌动	展叶	花期		果实生长期		新梢生长		落叶期
				初花	末花	现果	果实成熟	始期	结束	
2005	S-1	18/3	10/4	14/3	12/4	17/4	18/10	22/4	22/6	15/11
	S-4	19/3	10/4	14/3	11/4	16/4	18/10	22/4	22/6	15/11
	S-5	18/3	10/4	14/3	12/4	16/4	18/10	22/4	22/6	15/11
	S-9	18/3	10/4	14/3	13/4	16/4	18/10	22/4	22/6	15/11
	S-11	18/3	10/4	14/3	12/4	16/4	18/10	22/4	22/6	15/11
	S-14	18/3	10/4	14/3	12/4	16/4	18/10	22/4	22/6	15/11

续表 各新品系物候期观测（南阳南召城）（日/月）

年度	系号	芽萌动	展叶	花期		果实生长期		新梢生长		落叶期
				初花	末花	现果	果实成熟	始期	结束	
2004	S-1	17/3	3/4	15/3	8/4	20/4	10/10	21/4	25/6	18/11
	S-4	18/3	4/4	17/3	8/4	20/4	10/10	21/4	25/6	18/11
	S-5	16/3	4/4	14/3	8/4	20/4	10/10	21/4	25/6	18/11
	S-9	17/3	3/4	15/3	8/4	20/4	10/10	21/4	25/6	18/11
	S-11	17/3	3/4	15/3	8/4	20/4	10/10	21/4	25/6	18/11
	S-14	20/3	4/4	15/3	8/4	20/4	10/10	21/4	25/6	18/11
2005	S-1	15/3	5/4	12/3	10/4	15/4	15/10	20/4	20/6	20/11
	S-4	15/3	5/4	13/3	10/4	15/4	15/10	20/4	20/6	20/11
	S-5	15/3	5/4	11/3	10/4	15/4	15/10	20/4	20/6	20/11
	S-9	15/3	5/4	12/3	10/4	15/4	15/10	20/4	20/6	20/11
	S-11	15/3	5/4	12/3	10/4	15/4	15/10	20/4	20/6	20/11
	S-14	15/3	5/4	12/3	10/4	15/4	15/10	20/4	20/6	20/11

续表 各新品系物候期观测（周口淮阳城关）（日 / 月）

年度	系号	芽萌动	展叶	花期		果实生长期		新梢生长		落叶期
				初花	未花	现果	果实成熟	始期	结束	
2004	S-1	15/3	4/4	14/3	8/4	17/4	10/10	21/4	25/6	18/11
	S-4	18/3	5/4	15/3	8/4	17/4	10/10	21/4	25/6	18/11
	S-5	15/3	4/4	14/3	8/4	18/4	10/10	21/4	25/6	18/11
	S-9	15/3	4/4	15/3	8/4	17/4	10/10	21/4	25/6	18/11
	S-11	15/3	4/4	15/3	8/4	18/4	10/10	21/4	25/6	18/11
	S-14	19/3	5/4	14/3	8/4	18/4	10/10	21/4	25/6	18/11
2005	S-1	15/3	5/4	12/3	10/4	14/4	15/10	20/4	20/6	20/11
	S-4	15/3	5/4	13/3	10/4	14/4	15/10	20/4	20/6	20/11
	S-5	15/3	5/4	11/3	10/4	14/4	15/10	20/4	20/6	20/11
	S-9	15/3	5/4	12/3	10/4	14/4	15/10	20/4	20/6	20/11
	S-11	15/3	5/4	12/3	10/4	14/4	15/10	20/4	20/6	20/11
	S-14	15/3	5/4	12/3	10/4	14/4	15/10	20/4	20/6	20/11

续表 各新品系物候期观测（洛阳洛宁城关）（日 / 月）

年度	系号	芽萌动	展叶	花期		果实生长期		新梢生长		落叶期
				初花	未花	现果	果实成熟	始期	结束	
2004	S-1	19/3	5/4	17/3	10/4	20/4	10/10	21/4	25/6	18/11
	S-4	21/3	7/4	17/3	9/4	20/4	10/10	21/4	25/6	18/11
	S-5	19/3	6/4	16/3	10/4	20/4	10/10	21/4	25/6	18/11
	S-9	19/3	5/4	16/3	9/4	20/4	10/10	21/4	25/6	18/11
	S-11	19/3	5/4	16/3	9/4	20/4	10/10	21/4	25/6	18/11
	S-14	21/3	7/4	16/3	9/4	20/4	10/10	21/4	25/6	18/11
2005	S-1	17/3	8/4	15/3	10/4	18/4	15/10	20/4	20/6	20/11
	S-4	18/3	8/4	15/3	10/4	18/4	15/10	20/4	20/6	20/11
	S-5	17/3	8/4	14/3	10/4	18/4	15/10	20/4	20/6	20/11
	S-9	18/3	8/4	14/3	10/4	18/4	15/10	20/4	20/6	20/11
	S-11	18/3	8/4	15/3	10/4	18/4	15/10	20/4	20/6	20/11
	S-14	18/3	8/4	14/3	10/4	18/4	15/10	20/4	20/6	20/11

续表 各新品系物候期观测（焦作中站区）（日／月）

年度	系号	芽萌动	展叶	花期		果实生长期		新梢生长		落叶期
				初花	末花	现果	果实成熟	始期	结束	
2004	S-1	16/3	5/4	15/3	8/4	20/4	10/10	21/4	25/6	18/11
	S-4	19/3	7/4	17/3	8/4	20/4	10/10	21/4	25/6	18/11
	S-5	18/3	6/4	14/3	8/4	20/4	10/10	21/4	25/6	18/11
	S-9	18/3	5/4	15/3	8/4	20/4	10/10	21/4	25/6	18/11
	S-11	18/3	5/4	15/3	8/4	20/4	10/10	21/4	25/6	18/11
	S-14	20/3	7/4	15/3	8/4	20/4	10/10	21/4	25/6	18/11
2005	S-1	16/3	8/4	12/3	10/4	15/4	15/10	20/4	20/6	20/11
	S-4	16/3	8/4	13/3	10/4	15/4	15/10	20/4	20/6	20/11
	S-5	16/3	8/4	11/3	10/4	15/4	15/10	20/4	20/6	20/11
	S-9	16/3	8/4	12/3	10/4	15/4	15/10	20/4	20/6	20/11
	S-11	16/3	8/4	12/3	10/4	15/4	15/10	20/4	20/6	20/11
	S-14	16/3	8/4	12/3	10/4	15/4	15/10	20/4	20/6	20/11

连续 2~3 年的物候期观测，各新品系在各地的物候期基本一致。洛阳地区温度低，较周口、南阳晚 2~3 天。湖北紫荆在中原地区 3 月下旬芽萌动，4 月上旬展叶，11 月下旬落叶，湖北紫荆落叶受 11 月份早霜影响。开花期为 3 月中旬至 4 月上旬，花先叶开放。4 月下旬现果，10 月上中旬荚果成熟。新梢生长从 4 月下旬至 6 月底结束，5 月份为新梢速生期。

幼树期肥水管理比较好的植株，新梢生长期可延长到 9 月中旬。6 月中旬到 8 月中旬，为枝条加粗速生期。湖北紫荆新品系之间物候期基本一致，芽萌动期、展叶期、花期等相差 1~3 天，其他物候期完全一致。记录年份的物候期随逐年的气候变化而不同。

2.3.2 造林点各新品系生长指标比较

2006 年 11 月对各地造林点进行树干、树高、冠幅、新梢生长量进行调查（表 5-13）。

表 5-13 各新品系生长指标测定（2006 年 11 月）

区试点	系号	平均干径（cm）	平均树高（m）	冠幅（m）南北 × 东西	平均新梢长（cm）
郑州薛店	S-1	12.3	8.9	2.5×2.5	97
	S-4	12.7	9	2.4×2.5	103
	S-5	10.3	8.8	2.5×2.5	98
	S-9	10.5	8.6	2.5×2.5	93
	S-11	8.4	7.3	2.8×2.8	104
	S-14	8.7	7.5	2.5×2.5	101
南阳南召城郊	S-1	12.5	9.5	2.5×2.5	90
	S-4	12.2	9.6	2.4×2.5	97
	S-5	10.2	8.6	2.5×2.5	90
	S-9	9.8	8.5	2.5×2.5	85
	S-11	9.1	7.5	2.8×2.8	102
	S-14	8.8	6.7	2.6×2.6	105
周口淮阳城关	S-1	12.8	9.1	2.5×2.5	95
	S-4	12.9	9	2.4×2.5	98
	S-5	12.1	8.5	2.5×2.5	102
	S-9	11.2	8.7	2.5×2.5	95
	S-11	9.8	7.5	2.8×2.8	89
	S-14	9.5	8.2	2.5×2.5	100
洛阳洛宁城关	S-1	11.3	8.6	2.5×2.5	91
	S-4	11.7	8.3	2.4×2.5	90
	S-5	9.3	8.6	2.5×2.5	88
	S-9	9.5	8.1	2.5×2.5	85
	S-11	8	6.6	2.6×2.5	78
	S-14	8.2	6.8	2.5×2.5	75
焦作中站区	S-1	11.8	8.9	2.5×2.5	92
	S-4	12.5	9.3	2.4×2.5	97
	S-5	11.3	8.6	2.5×2.5	92
	S-9	11.5	8.7	2.5×2.5	95
	S-11	9.4	6.9	2.6×2.6	83
	S-14	9.3	6.9	2.5×2.5	87

多点造林试验测定看，6个新品系生长量之间存在极显著差异。经方差分析表明（表5-14），多点造林试验新品系间树高、干径、新梢长都存在极显著差异，新品系与环境互作也达极显著差异。说明新品系生长差异极显著受遗传基因的控制。在不同的环境条件下，环境条件对新品系生长量也造成极显著差异，栽培湖北紫荆优良新品系要选择适宜的生长环境。遗传因子与环境交互作用也极显著影响新品系的生长量。

表5-14 树高、干径、新梢生长量方差分析

| 变因 | 树高 | | | | 干径 | | | | 新梢 | | | | Fa | |
	自由度	平方和	均方	均方比	自由度	平方和	均方	均方比	自由度	平方和	均方	均方比	5%	1%
新品系	5	54.71	10.94	165.76**	5	149.44	29.89	409.45**	5	357.02	71.40	2.38*	2.37	3.34
地点	4	4.6	1.15	17.42**	4	42.84	10.71	146.71**	4	2403.84	600.96	20.05**	2.53	3.65
新品系×地点	20	6.83	0.34	5.15**	20	16.35	0.82	11.23**	20	2303.76	115.19	3.84**	1.75	2.2
误差	60	3.98	0.066		60	4.5	0.073		60	1798	29.97			
总的	89	70.12			89	213.13			89	6862.62				

从多重比较可以看到（表5-15），干径粗S-4显著高于S-1，极显著高于其他系号；S-1极显著高于S-5、S-9、S-14、S-11系号；S-5、S-9极显著高于S-14、S-11；S-14极显著高于S-11。树高S-1、S-4无显著差异，二者极显著大于其他系号；S-5、S-9之间无显著差异，两者极显著高于S-11、S-14；S-11、S-14之间差异不显著。新梢生长S-4最大，显著大于S-1，极显著大于S-9、S-11系号，其他系号之间差异不显著。多点造林试验

结果表明，湖北紫荆生长速度最快为 S-4、S-1，其次为 S-5、S-9，生长较差的系号为 S-11、S-14。

表 5-15　干径多重比较

Si / Si-Sj	Si	S-4	S-1	S-5	S-9	S-14	S-11	LSD0.05	LSD0.01
S-4	12.4		0.25*	1.78**	1.9**	3.06**	3.45**	0.2	0.26
S-1	12.15			1.53**	1.65**	2.81**	3.2**		
S-5	10.62				0.12	1.28**	1.67**		
S-9	10.5					1.16**	1.55**		
S-14	9.34						0.39**		
S-11	8.95								

表 5-16　树高多重比较

Si / Si-Sj	Si	s-4	s-1	s-5	s-9	s-14	s-11	LSD0.05	LSD0.01
S-4	9.05		0.04	0.43**	0.53**	1.82**	1.89**	0.19	0.25
S-1	9.01			0.39**	0.49**	1.78**	1.85**		
S-5	8.62				0.1	1.39**	1.46**		
S-9	8.52					1.29**	1.36**		
S-14	7.23						0.07		
S-11	7.16								

表 5-17 新梢多重比较

Si Si-Sj		s-4	s-5	s-14	s-1	s-9	s-11	LSD0.05	LSD0.01
S-4	97.27		2.27	3.34	4.078	5.67**	5.74**	4	5.32
S-5	95			1.07	1.8	3.4	3.47		
S-14	93.93				0.73	2.33	2.4		
S-1	93.20					1.6	1.67		
S-9	91.6						0.07		
S-11	91.53								

3 抗逆性评价

对郑州市薛店造林点湖北紫荆新品系综合抗逆性观测（表 5-18），各新品系未发现冻害，S-1、S-4 耐旱性优于其他系号，缺水比较严重时，植株落叶轻。S-1、S-4、S-5 较耐涝，长时间水渍，植株黄叶，落叶较其他系号轻。S-1、S-4、S-5、S-9 遇暴风雨不易倒伏，S-5、S-11、S-14 幼树期遇暴风雨易倒伏，大树枝条严重下垂，严重时部分折断。从病虫害发生率来看，S-4 最轻，S-11、S-14 发病率达 22%，其他系号为 11%。综合抗逆性分析，S-1、S-4 抗逆性强，S-5、S-9 居中，S-11、S-14 抗逆性较差。

表 5-18 湖北紫荆新品系抗逆性观测（郑州薛店）

系号	抗寒	抗旱	耐涝	抗风	病虫发生率 （%）
S-1	未发现冻害	特旱时有少量落叶	较耐涝	抗风	11
S-4	未发现冻害	特旱时有少量落叶	较耐涝	抗风	5.5
S-5	未发现冻害	特旱时有落叶	较耐涝	暴风雨易倒伏	16.5

续表

系号	抗寒	抗旱	耐涝	抗风	病虫发生率（%）
S-9	未发现冻害	特旱时有落叶	中等耐涝	抗风	11
S-11	未发现冻害	特旱时有落叶	中等耐涝	暴风雨易倒伏	22
S-14	未发现冻害	特旱时有落叶	中等耐涝	暴风雨易倒伏	22

表 5-19　湖北紫荆新品系评价

优树名称	冠型	开花状况	叶色叶相	生长速度	健康状况	综合分数	区域
S-1	4	5	5	5	5	24	郑州薛店
S-4	4	5	5	5	5	24	
S-5	5	4	4	4	5	22	
S-9	4	5	5	4	5	23	
S-11	3	5	5	3	5	21	
S-14	3	4	5	3	5	20	
S-1	5	5	4	5	5	24	南阳南召城郊
S-4	4	5	5	5	5	24	
S-5	4	4	5	5	5	23	
S-9	4	5	5	4	5	23	
S-11	5	5	4	3	5	22	
S-14	4	4	4	3	4	19	
S-1	5	5	5	5	5	25	周口淮阳城关
S-4	4	4	5	5	5	23	
S-5	4	5	4	4	5	22	
S-9	5	5	5	4	4	23	
S-11	4	5	5	3	4	21	
S-14	5	5	4	3	4	21	

优树名称	冠型	开花状况	叶色叶相	生长速度	健康状况	综合分数	区域
S-1	5	5	4	4	5	23	洛阳洛宁城关
S-4	5	5	4	4	5	23	
S-5	4	5	4	4	4	19	
S-9	5	5	4	4	5	23	
S-11	4	5	5	3	4	21	
S-14	3	5	4	3	4	19	
S-1	4	5	5	5	5	24	焦作中站区
S-4	5	5	5	5	5	25	
S-5	5	5	4	5	5	24	
S-9	5	4	5	5	5	24	
S-11	4	5	5	3	4	21	
S-14	4	5	5	3	4	21	

对6个新品系多点造林试验和抗逆性观测，5个造林点评价 S-1、S-4 得分 22~25，S-5、S-9 大部分地点得分 22~23，S-11 仅南召造林点评价得分 22，其余试验点均在 22 分以下，S-14 在各试验点评价得分 19~21 分。综合评定 S-1、S-4、S-5、S-9 等 4 个新品系为优良新品系。

第六章　湖北紫荆优良新品系的快繁技术

为了加快湖北紫荆优良新品系繁殖，尽快满足市场需求，我们开展了湖北紫荆新品系嫁接、组培快繁技术研究。

1995 年我们对湖北紫荆实生繁殖技术进行试验，目的为新品系嫁接预备足量的砧木苗。试验在河南四季春园林艺术工程有限公司新郑机场薛店苗圃进行。

1 材料与方法

试验地设在新郑薛店苗圃，按常规育苗进行整地。采集充分成熟、籽粒饱满的种子供试验。播前种子处理设 A、播前种子沙藏 45 天；B、清水浸泡 3 天；C、65℃温水浸种，冷却至室温，清水浸泡 3 天；D、沸水浸种 20 秒，清水浸泡 3 天；E、将自然干藏的种子直播作对照。

播种方法采用春季条播，深度 8cm，行距 30cm，种子间隔 10cm。每处理随机小区排列，小区面积 5m²，重复 4 次。

调查种子出苗期，出苗持续天数，出苗率、成苗率；秋末落叶后调查苗高、地径。

2 结果与分析

2.1 不同处理方法对湖北紫荆出苗的影响

从表 6-1 试验结果可以看出，湖北紫荆种子播前处理方法不同，对出苗期、出苗持续天数、出苗率等影响较大。A、C、D 三种处理，可使湖北紫荆幼苗出土时期较 B、E 处理提早 5~7 天。

表 6-1　湖北紫荆种子不同处理方法对出苗的影响

处理	出苗率（%）	成苗率（%）	出苗日期（日/月）	出苗持续期（d）
A	83.5	95.8	10/4	7
B	35.4	97	15/4	21
C	78.9	96.3	12/4	5
D	76.3	95.8	11/4	6
E	34.8	98.1	17/4	20

表 6-2　种子不同处理方法对湖北紫荆苗木生长的影响

生长量（cm）	A	B	C	D	E
H	117.5	87.8	119.8	118	82.8
D	0.8	0.6	0.8	0.8	0.6

表 6-3 种子处理方法对出苗率、成苗率的方差分析

变因	出苗率				成苗率				Fa	
	自由度	平方和	均方	均方比	自由度	平方和	均方	均方比	5%	1%
处理	4	5145.32	1286.33	440.52**	4	82.91	20.73	2.72	3.26	5.41
重复	3	6.74	2.25	0.77	3	15.54	5.18	0.68	3.48	5.95
误差	12	35.08	2.92		12	91.27	7.61			
总的	19	5187.14			19	189.72	9.99			

表 6-4 不同处理对苗木生长量的方差分析

变因	地径				树高				Fa	
	自由度	平方和	均方	均方比	自由度	平方和	均方	均方比	5%	1%
处理	4	0.268	0.067	39.41**	4	5520.3	1380.08	103.92**	3.26	6.41
重复	3	0.01	0.0025	1.47	3	68.2	22.73	1.71		
误差	12	0.02	0.0017		12	159.3	13.28			
总的	19	0.298			19	5747.8				

种子处理方法不同,对出苗率影响极显著(表 6-3、6-4),对成苗率影响不显著,对苗高、地径生长影响均达极显著水平。区组间差异均不显著。

经 LSD 测定(表 6-5、6-6、6-7),A 处理出苗率极显著高于其他处理方法,处理 C 和 D、B 和 E 的苗高和地径差异不显著,处理 C、D 的苗高和地径极显著高于 B、E。处理 A、C、D 之间的苗高和地径生长差异不显著,它们均极显著高于 B、E,B、E 之间差异不显著。因此,湖北紫荆育苗种子处理以 A、C、D 方法较适宜。

表 6-5 地径多重比较

处理		A	C	D	B	E	LSD0.05	LSD0.01
A	0.8		0	0.05	0.25**	0.25**	0.064	0.089

处理		A	C	D	B	E	LSD0.05	LSD0.01
C	0.8			0.05	0.25**	0.25**		
D	0.75				0.2**	0.2**		
B	0.55					0		
E	0.55							

表 6-6　苗高多重比较

处理		C	A	D	B	E	LSD0.05	LSD0.01
C	119.75		1.75	2.25	33.25**	37**	5.61	9.15
D	118			0.5	31.5**	35.25**		
A	117.5				31**	34.75**		
B	86.5					3.75		
E	82.75							

表 6-7　出苗率多重比较

处理		A	C	D	B	E	LSD0.05	LSD0.01
A	56.665		4.5725**	6.26**	35.9125**	36.2525**	2.63	3.69
C	52.0925			1.6875	31.34**	31.68**		
D	50.405				29.6525**	29.9925**		
B	20.7525					0.34		
E	20.4125							

表 6-8 种子不同处理方法的关联度分析

出苗率	A	B	C	D	E
A	1				
B	0.7363	1			
C	0.9659	0.7561	1		
D	0.9519	0.7436	0.9299	1	
E	0.7071	0.9616	0.7345	0.7151	1

成苗率	A	B	C	D	E
A	1				
B		0.89541			
C	0.725	0.7274	1		
D	0.7793	0.7888	0.7906	1	
E	0.7927	0.8069	0.7708	0.9344	1

苗高	A	B	C	D	E
A	1				
B	0.6835	1			
C	0.8991	0.7044	1		
D	0.8509	0.7160	0.9002	1	
E	0.7064	0.8912	0.6730	0.7111	

地径	A	B	C	D
A	1			
B	0.7286	1		

续表

地径	A	B	C	D
C	1	0.7286	1	
D	0.8741	0.7384	0.8741	1
E	0.8286	1	0.8286	0.7384	1

从表 6-8 可以看出，就出苗率而言，B 与 E 处理方法的关联系数为 0.9616，A、C、D 处理方法的关联系数 >0.95，说明 B 与 E 处理方法，A 与 C、D 处理方法对出苗率影响一致，在试验设计和实际应用中处理方法可以代替；就成苗率指标而言，D 与 E 处理方法的关联系数为 0.9344，说明 D 与 E 处理方法对成苗率影响差异不大；对于苗高来说，不同处理方法对其影响差异很大，因此在实际中结合其他指标要特别注意处理方法的选取；就地径指标而言，A 与 C 处理方法的关联系数为 1，B 与 E 处理方法的关联系数为 1，说明 A 与 C 处理方法对地径的影响差异极小，B 与 E 处理方法对地径的影响也差异极小。因此在综合考虑出苗率、成苗率、苗高和地径时，应根据上述各种处理方法对单项指标的相应差异优化设计。

第二节　嫁接技术试验

2002—2003 年我们对湖北紫荆新品系嫁接繁殖技术进行了试验。嫁接地点设在河南四季春园林艺术工程有限公司薛店苗圃。

砧木为当年生湖北紫荆实生苗，接穗为湖北紫荆优良新品系 S-1，嫁接时期设为夏季生长期芽接和春季枝接。夏季芽接为"丁"字形芽接、大方块芽接和带木质芽接三种方法，春季枝接分为劈接和插皮接两种。接穗采自薛店苗圃新品系母树枝条，随采随接。

表 6-9　湖北紫荆新品系嫁接成活比较

嫁接方法	嫁接株数	成活株数	成活率（%）	嫁接时间
"丁"字芽接	835	821	98.3	2002 年 7 月 21 日
大方块芽接	746	732	98.1	2002 年 7 月 22 日
带木质芽接	538	529	98.3	2002 年 8 月 3 日
劈接	231	220	95.3	2003 年 3 月 2 日
插皮接	189	180	95.2	2003 年 4 月 6 日

从表 6-9 试验结果可以看到，湖北紫荆新品系生长季节无论哪种芽接方法，成活率都在 98% 以上。春季劈接或插皮接的成活率也在 95% 以上。因此，湖北紫荆新品系利用嫁接繁殖，成活率高，可作为主要的繁殖方法。

湖北紫荆优良品系选出后，在园林工程建设及行道绿化中应用前景广阔。市场苗木供不应求，为加快新品系推广和该成果转化，我们开展了组培快繁技术研究，为繁育湖北紫荆探索了一条快捷有效的途径。

1 材料与方法

取 S-1、S-4、S-5、S-9 优良植株茎尖为外植体，以 MS 培养基为基本培养基。不同培养阶段，附加不同种类和不同浓度的植物生长调节剂。待组培苗新生根 3~5 条，根长 3~5cm 时，移入培养土中栽植。

2 结果与分析

2.1 继代培养中植物激素选择

（1）MS 培养基较适合湖北紫荆组培苗的生长。

（2）不同的细胞分裂素对湖北紫荆茎尖的分化率影响明显，随着细胞分裂素含量增大，增殖倍数也随之增加，但玻璃苗的发生率也增加。

（3）在含 6-BA、KT 的培养基中，培养物均有一次程度的褐化苗发生，并且褐化比例较大（3%~10.25%），而 ZT 的培养基中均无褐化苗发生，且增殖培养效果明显，达 4.25 倍。

（4）在试验中还发现继代培养时随着继代次数增加增殖倍数也随之增大，但苗较细弱，降低 ZT 含量至 1mg/L，即保障了有效的增殖倍数也保障了继代苗的质量。

2.2 湖北紫荆生根激素选择

植物生长调节物质对湖北紫荆生根的影响。单独使用 IAA、NAA 和 TA 均促进湖北紫荆健壮苗生根。影响组培苗生根的顺序为 TA > NAA > IAA。IAA 和 NAA 促进根的有效浓度仅在 0~2 之间，TA 的促进范围较大（右图）。IAA 和 NAA 配合使用，对无根苗生根有协同效应。总的来说，低浓度 IAA 下，配合适量有促进作用，且比单独使用时提高和超前，而高浓度 IAA 下，则有抑制作用（94 页上图）。

表 6-10　不同的细胞分裂素对湖北紫荆继代培养效果的影响

细胞分裂素种类	含量（mg/L）	增殖倍数	玻璃苗发生率（%）	褐化率（%）
6BA	0.5	2.3	0	3
	1	3.26	0	7.2
	2	5.41	3.8	6.32
	3	5.92	8.92	5.25

续表

细胞分裂素种类	含量（mg/L）	增殖倍数	玻璃苗发生率（%）	褐化率（%）
KT	0.5	2.03	0	8.35
	1	3.61	0.82	7.46
	2	4.2	1.56	2.63
	3	5.72	4.36	10.25
ZT	0.5	2.8	0	0
	1	2.97	0	0
	2	3.56	0	0
	3	4.25	1.03	0

注：继代接种 25 天调查

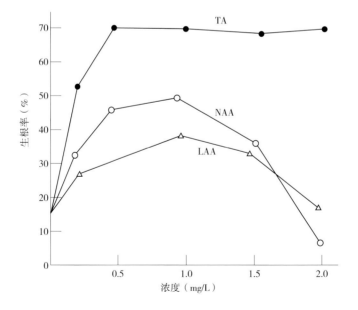

IAA、NAA 和 TA 对健壮湖北紫荆无根苗生根率的影响

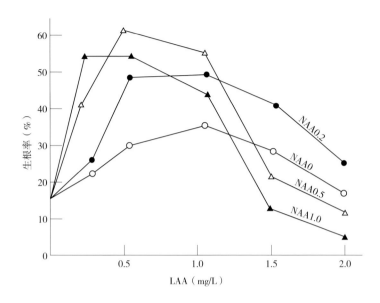

IAA 和 NAA 配合对湖北紫荆组培苗生根率的影响

IAA0.5+NAA0.5 与 TA0~2 配合使用对湖北紫荆组培苗生根也有协同效应。其中以 TA0.5 效果最好，生根率达 96.5%（下图）。

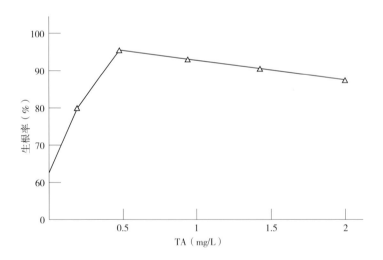

TA 与 IAA+NAA 配合对湖北紫荆组培苗生根率的影响（IAA 与 NAA 浓度均为 0.5mg/L）

IAA、NAA 和 TA 及其配合对湖北紫荆组培苗发根部位、根系生长状况和移栽成活率均有影响。TA 诱导湖北紫荆生根，诱导根从皮层或愈伤组织上发出。一般来说，前者发出的根与茎输导组织连接较好，移栽易成活。本试验结果也证实了这一点。

表 6-11　IAA、NAA 和 TA 及其配合对健壮湖北紫荆无根苗生根的影响

浓度（mg/L）	根发生部位	愈伤组织	平均生根数（条）	根系状况	移栽成活率（%）
IAA0.5	愈伤组织	较大而致密	1.3	较粗、淡黄色根尖圆钝	62.5
NAA0.5	愈伤组织	大而密	1.2	较粗、淡黄色转黑色，根尖圆钝	60.4
TA0.5	基部表皮	无	4.6	较细，白色根尖尖锐	89.3
IAA0.5+NAA0.5	愈伤组织	最大且致密	1.3	最粗，黄白色根尖圆钝	57.2
IAA0.5+NAA0.5+	基部表皮	较小而膨松	4.6	略粗，白色根尖尖锐	96.6

2.3 无根苗的生理状况对生根的影响

生理状况不同的湖北紫荆无根苗生长率差异很大。我们使用 1/3MS+IAA0.5mg/L+NAA0.5mg/L+TA 0.5mg/L 培养基，培养 20 天后，壮苗的生根率为 96.5%，弱苗为 63.2%，黄化苗为 19.5%，老化苗为 9.3%，玻璃苗和幼嫩苗均不生根。

2.4 组培苗移植

湖北紫荆组培育苗以每年 3~6 月出苗移栽成活率较高，当年平均株高达 1.86m、地径 1.82m，而同期播种的实生苗平均株高 1.5m，平均地径 1.42cm（表 6-12），并且组培新品系苗较实生苗均匀整齐。

3 小结

湖北紫荆组培快繁继代培养过程中加入 3.0mg/L 的 ZT 效果最好。生根剂以 0.5mg/L 的 TA 生根效果最好，也可以用 0.5mg/L IAA+0.5mg/L NAA+0.5mg/L TA 作生根剂。健壮的继代苗可显著提高苗木的生根率和移栽成活率。

表 6-12　优树组培新品系苗与优树实生苗生长速度比较

项目类别	随机株数（株）	平均株高（m）	平均地径（cm）
S-1 优树组培	100	1.86	1.58
优树实生	100	1.5	1.42

注：试验材料均为 4 月中旬定植 4~5cm 穴盘苗

第七章 湖北紫荆优良新品系的栽培技术规范

为了加快湖北紫荆优良新品系繁殖，尽快满足市场需求，我们开展了湖北紫荆新品系嫁接、组培快繁技术研究。

第一节 整地与定植

　　湖北紫荆耐旱耐瘠，但良好的土壤条件和栽培管理能明显提高生长速度，提早出圃。栽植湖北紫荆应选择地势平坦、土壤深厚，肥力中上等的地块为宜。栽植前要认真整地，首先将土地深耕，每亩地施农家肥 5000kg 或施尿素 50kg+ 磷肥 100kg。湖北紫荆胸径达到 6cm 以上，就可以应用于园林工程，因此，栽植密度以株行距 1.5m×2m 或 2m×3m 为宜。栽植前挖 0.6m 见方的栽植穴，栽植时间以秋末或早春为好。选择根系完整、无病虫害、生长健壮、大小一致的苗木，确保湖北紫荆栽后生长一致，林相整齐，提高栽培经济效益。栽植时将苗木放入栽植穴要使根系伸展，栽后灌透水。秋末栽植要在树干基部封土堆，起到保墒和减轻刮风时树干摇动，也可减少野兔啃食树皮，到春季发芽时再把土堆扒开。遇到春季干旱，要根据墒情及时浇水，保证苗木成活及健壮生长。

2.1 土、肥、水管理

湖北紫荆栽植成活后，科学合理的土肥水管理对其生长开花影响十分明显。湖北紫荆发芽后枝条速生期正值春末夏初干旱期，此期降水少，空气湿度小，地面蒸发量大，缺水会明显影响植株生长。此期应根据土壤含水状况及时补充水分。正常年份浇水 1~2 次，较旱的年份浇水 2~3 次，保证树体健壮生长。进入雨季一般不灌水，特别干旱的年份浇水 1~2 次。进入冬季后，浇一次封冻水，萌芽前浇一次萌动水。保证湖北紫荆植株安全越冬和及时萌芽。

湖北紫荆幼树期可间种经济作物。间种作物前耕地不可过深，一般 20cm 为宜，过深易损坏湖北紫荆根系，影响湖北紫荆生长。间种作物后及时中耕除草，每季作物除草 2~3 遍，有利于土壤透气保墒，便于间作物和湖北紫荆生长。间作物收获后及时翻地，即可杀灭杂草又可消除部分病虫源。随着湖北紫荆林郁闭度增大，林内不宜进行间种作物。采用林间清耕管理的湖北紫荆林，为降低管理费用，生长季节可用化学除草，保持林内无杂草。

湖北紫荆幼林对肥料需求十分敏感，生长季节施肥对植株生长具有十分明显的促进作用。对 2 年生湖北紫荆生长季节施肥见表 7-1，累计追施 100kg/ 亩碳铵，高生长增加 106cm，地径增大 1.3cm；每亩累计追施 50kg/ 亩尿素，高生长和地径较对照增大 1cm 和 1.5cm；每亩累计追施 50kg/ 亩美国二铵复合肥，高生长和地径较对照增加 113cm 和 1.5cm。冠径和平均枝条生长量较对照增长也十分明显。

表 7-1　施肥对 2 年生湖北紫荆生长影响（1999 年）

肥料	树高（cm）	地径（cm）	冠径（cm）	平均枝条长（cm）
碳铵 100kg/ 亩	389	3.7	1×1	115
尿素 50kg/ 亩	403	3.9	1×1	117
美国二铵 50kg/ 亩	396	3.9	1×1	122
对照不施肥	283	2.4	0.6×0.6	98

2.2 湖北紫荆接干修枝

　　湖北紫荆萌枝力强，叶片硕大，易造成主干因枝头下坠而弯曲，对培养通直的干形不利。在培养主干过程中，当枝条萌发后，用竹杆绑缚主干，帮助主干垂直生长。第 1 年将干高 1m 内萌枝清除，雨前将主干延长枝绑缚于竹竿上，防止降雨过程中枝叶湿雨增加重量而造成主干延长枝风折。第 2 年修除下部 1~2 轮枝（或清除干高 3m 内大枝），对主干延长枝选中上部饱满芽处截干，萌芽后抹去竞争枝，保留下部萌枝 2~3 个，促使主干延长枝健壮生长，当年主干延长枝可达 2m。第 3 年按上述方法继续接干修枝。当树干分枝高度达到 2.5~3m 时，树高 5~6m 时，即可结束接干修枝措施，进入常规管理。

湖北紫荆造林前期树体小，行间光照充足，可间种低秆的经济作物或绿化幼苗，既可增加收入又可减少除草用工。间作模式不当可严重影响湖北紫荆生长发育。我们在新郑薛店苗圃试验了不同间作物逐年的产量及对湖北紫荆生长的影响。

3.1 间种作物效益比较

根据我们试验，湖北紫荆栽植前 3 年可间种油菜、大豆、紫穗槐、大叶黄杨等。从表 7-2 可以看到，间作物产量随树龄增长而下降。第 1 年间作物产量较高；第 2 年间作物产量急骤下降；第 3 年间作物产量更低；第 4 年几乎绝收。间种的黄杨苗和紫穗槐高生长量也随湖北紫荆林郁闭增加而减少。湖北紫荆 1.5m×2m 和 2m×3m 密度第 1 年时间作物产量影响不明显，第 2 年以后影响十分明显，若要延长间种年限，湖北紫荆栽植密度不可过高。供试的栽植密度可在前 2 年间种农作物。

表 7-2 不同年龄段湖北紫荆林间种作物效益比较

间作物	第 1 年	第 2 年	第 3 年	第 4 年	备注
油菜（kg/ 亩）	63.5	50.7	31.8	-	湖北紫荆株行距 1.5m×2m
大豆（kg/ 亩）	128.7	82.5	36.2	10.3	
玉米（kg/ 亩）	403.7	238.1	58.9	-	
紫穗槐苗高生长（cm）	81	63	25		
大叶黄杨高生长量（cm）	35	28	23	22	
油菜（kg/ 亩）	68.9	60.4	32.1	12.4	湖北紫荆株行距 2m×3m
大豆（kg/ 亩）	135.7	90.6	53.2	8.7	
玉米（kg/ 亩）	400	256.3	121.5	——	
紫穗槐苗高生长（cm）	91	81	43	21	
大叶黄杨高生长量（cm）	33	30	27	25	

3.2 间种作物对湖北紫荆生长的影响

试验表明（表 7-3），间种玉米的湖北紫荆生长量明显低于其他间种作物的湖北紫荆。第 3 年种植玉米地的湖北紫荆较种植大豆的树高低 2m，地径小 2.3~2.4cm；较油菜地树高低 1.3~1.7m，地径小 1.7~1.8cm。三种间种模式以种植大豆地的湖北紫荆生长量最高。因此，湖北紫荆造林地前期应间种低秆的豆类作物对树体生长有利，间种高秆的玉米等作物可减弱树体生长。

表 7-3　不同间作物对湖北紫荆生长的影响

湖北紫荆品系		玉米			油菜			大豆		
		第 1 年	第 2 年	第 3 年	第 1 年	第 2 年	第 3 年	第 1 年	第 2 年	第 3 年
S-1	树高（m）	2.21	2.56	3.2	2.56	3.8	4.51	2.67	4.05	5.21
	地径（cm）	2.8	2.7	2.9	2.8	3.6	4.7	3	4.2	5.3
S-4	树高（m）	2.03	2.47	2.89	2.64	3.95	4.64	2.71	3.89	4.91
	地径（cm）	2	2.5	2.8	2.8	3.7	4.5	2.9	3.9	5.1

3.3 间作模式

通过对湖北紫荆前期间种作物产量及湖北紫荆生长量试验，湖北紫荆造林地前 2 年可间种低秆的农作物为宜。供试的间种油菜、大豆、紫穗槐育苗、黄杨养苗等模式都可在生产中应用。

湖北紫荆是一种抗病虫能力较强的植物，多年来栽培未发现重大疫病和灭生性害虫。在栽植密度较大时，个别植物易染叶部角斑病、叶枯病和枯萎病。害虫有蚜虫、褐边绿刺蛾、大袋蛾等。

湖北紫荆幼苗期具有较强的抗病能力，

1~2 年生幼树未见发生病害，3 年生以上大树的叶片发生角斑病、叶枯病。该两种病害在雨季来临的 7 月侵害叶片，发病叶片呈黄褐色至深褐色枯斑或枯叶，发病部位由叶缘向叶片中部侵染，严重时造成落叶，影响植株生长。

表 7-4　湖北紫荆与紫荆病害发生比较（2004 年 8 月 15 日调查）

树种	1 年生树			2 年生树			3 年生树		
	角斑病	枯萎病	叶枯病	角斑病	枯萎病	叶枯病	角斑病	枯萎病	叶枯病
湖北紫荆	0	0.03%	0	0.2%	0	0	30.3%	0.07%	0.02%
紫荆	3.42%	0.25%	0.83%	7.8%	0.37%	0.2%	100%	1.09%	2.38%

防治技术

（1）发病前的 6 月下旬叶面喷布波尔多液，每两周 1 次，雨后要及时补喷。

（2）对发病植株可喷布百菌清、代森锰锌、大生 M45 等杀菌剂。

（3）冬季落叶后要清除病叶病枝。

（4）对为害较轻的蚜虫、褐边绿刺蛾、大袋蛾等达不到经济危害程度一般不进行防治，达到经济危害程度时，可叶面喷洒杀虫剂进行防治。

第八章 湖北紫荆优良新品种的选育

湖北紫荆是近年来发现的优良园林绿化乡土树种，受到国内园林界专业人士的高度重视。在园林绿化工程建设中被用作行道树、庭阴树、片林等，观赏效果非常好。

1 选育过程

1.1 试验材料

公司对于湖北紫荆的研究起始于1994年，通过查阅有关文献所述的湖北紫荆自然分布范围，1995—2001年指派专业技术人员于湖北紫荆花期3~4月开展优良单株的初选工作。对广东北部，浙江临安的西天目山、昌化的龙塘山和安吉的龙王，湖北武当山，贵州遵义，安徽大别山，湖南张家界，四川北部和东南部，广西北部，河南洛宁、嵩县等地区开展资源普查，通过实地调查和走访当地群众，收集了一批花色艳丽、丰花、叶形整齐、冠形美观的优良单株，并在公司基地建立了湖北紫荆种质资源圃。本项目试验用种子均来自于该种质资源圃。

1.2 试验方法

2006年春季，课题组人员对公司种质资源圃内开花鲜艳的植株进行标记，并于秋季采集生长健壮、种子饱满、充分成熟的种荚。先将种荚放在通风处摊开阴干数天，然后再拿出晒1~2天，荚果开始开裂，打出种子去杂，共500g左右。之后再阴干数日，处理好的种子装于透气袋子中沙藏45天。

2007年春，在漯河市临颍县本公司花木试验基地内选择1亩向阳、排水良好、灌溉方便、土壤肥厚的砂质壤土，施加农家肥500kg，然后整成宽100cm、高20cm、步道40cm的苗床。将沙藏种子放在25℃左右催芽，当露白率达到30%时，开始播种育苗。以后每年春季观察该批实生苗生长情况，特别是针对始花年份、花期、花色、花朵稠密情况进行观测记录，最终选出1个丰花、艳花、生长势强的单株。

1.3 观测与分析

1.3.1 2008年春观测情况

2008年春在该批实生苗中，发现一个开花单株，而当年其他实生苗均未开花。对该单株的生长及开花情况记录如下。

表8-1 开花单株性状描述

性状	
始花期	20080309
末花期	20080410
花色	深玫红色
花序数量	1簇
花序花朵数量	10朵
苗高	1.1m
地径	2.1cm

该单株不但始花年份早，且花色鲜艳，工作人员随即对其进行挂牌标记，并暂命名为"1号"。并将其花色与普通湖北紫荆及河南四季春园林艺术工程有限公司在 2007 年以前选育的 S-1、S-4、S-5、S-9 品系花色进行对比。

表 8-2　开花单株与普通湖北紫荆 S 品系花色对比

品种	花蕾颜色	花冠颜色
1 号	深玫红色	深玫红色
普通湖北紫荆	粉红或玫红色	浅粉红或浅玫红色
S-1	粉色	浅粉色
S-4	浅玫红色	粉色
S-5	浅玫红色	粉色
S-9	粉色	浅粉色

经对比，该单株花呈深玫红色，明显比其他湖北紫荆艳丽。当年夏季对其进行嫁接繁殖，嫁接选择 10 株健壮的 3 年生普通湖北紫荆作为砧木，每砧木上嫁接 3 个接穗。

1.3.2　2009 年春观测情况

2009 年春，课题组人员继续观测实生苗圃中其他植株开花情况，及 1 号原植株和嫁接植株开花情况。经统计，该批实生苗的成苗数为 2125，其中本年开花株数 206 棵，这些开花植株中除有 2 棵花朵为玫红色外，其他花色均为浅粉色或浅玫红色。将这 2 个植株进行挂牌标记，分别命名为 2 号、3 号，并将其性状与 1 号原株进行对比，结果如下。

表 8-3　1、2、3 号单株开花性状对比

编号	花蕾颜色	花冠颜色	花序数量	平均每花序花朵数
1 号	深玫红色	深玫红色	8	18
2 号	玫红色	玫红色	1	8
3 号	玫红色	玫红色	1	6

如表 8-3 所示，1 号单株花色深艳，且花序数量及每花序花朵数量明显大于 2 号和 3 号。

同时，观察 1 号嫁接植株开花情况，上年嫁接的 10 棵植株 30 个接穗成活 27 个，且每个成活接穗上都开始着花，花色均保持深玫红色，每接穗着生 2~3 个花序，每花序着生 15~20 个花朵。1 号单株花色艳的性状在无性繁殖 1 代上得到了稳定遗传，且其嫁接 1 年后就开始着花，而普通湖北紫荆需要两年。课题组人员随将其作为目标植株，并定名为'四季春 1 号'，以后每年夏季在原变异母株和无性繁殖的子代上采集接穗，进行一代接一代的嫁接繁殖，形成无性系，并对所有无性系植株与原母株和普通湖北紫荆进行对比。

1.3.3　2010—2012 年春观测情况

至 2012 年春，'四季春 1 号'紫荆树通过无性繁殖获得了 5 个世代的品种苗，共 2000 株，均保持了与母株一致的特异性状，未发现异形株。其性状观察如下。

表 8-4 1 号母株、无性系及普通湖北紫荆性状对比表

	花色	每花枝花序数	每花序花朵数	花冠大小	花期（天）
1 号母株	深玫红色	15~20	28~35	大	25~30
无性系 1 代	深玫红色	3~5	15~20	大	25~30
无性系 2 代	深玫红色	8~15	25~30	大	25~30
无性系 3 代	深玫红色	20~25	28~35	大	25~30
无性系 4 代	深玫红色	25~35	28~35	大	25~30
普通湖北紫荆（5 年生）	浅粉或浅玫红	15~25	18~26	中	15~20

由上表可以看出，'四季春 1 号'紫荆树花枝上花序数量及每花序花朵数量明显多于普通湖北紫荆，花色深玫红，花冠大于普通湖北紫荆。花期长达 27±3 天，相同环境条件下，比普通湖北紫荆花期长 10 天。

2 优良单株多点造林试验

2.1 试验材料

嫁接繁殖成功的 2 年生'四季春 1 号'紫荆树。

2.2 试验方法

2011 年春，将嫁接成功的 2 年生'四季春 1 号'紫荆树分别移栽到河南四季春园林艺术工程有限公司许昌鄢陵县陈化店村、郑州市金水区、周口淮阳城关、信阳市淮滨县、商丘夏邑县等 5 个区域营造试验林（表 8-5），每个试验地分别栽植 30 株'四季春 1 号'紫荆树和 30 株同龄湖北紫荆。

表 8-5 各试验点基本概况

试验地点	土壤种类	含 N (mg/kg)	含 P (mg/kg)	含 K (mg/kg)	含有机质 (%)	pH	地势
许昌	红栗	25	12	15	0.3	7.2	平原
周口	砂壤	26	12	24	0.3	7	平原
郑州	壤土	25	15	18	0.3	7	平原
商丘	棕壤	27	15	35	0.2	6.9	丘陵
信阳	黄壤	12	13	35	0.2	7.1	丘陵

移栽前挖 0.6m 见方的栽植穴，选择无病虫害、生长健壮、大小一致的 2 年生'四季春 1 号'紫荆树嫁接苗，按照株行距 2m×3m 进行栽植。田间随机区组排列，10 株 / 小区，3 次重复。对试验林进行常规栽培管理。观测记录'四季春 1 号'紫荆树在试验区内的 3 年物候期及各生长指标。

2.3 观测与分析

2.3.1 各区试点新品种与普通湖北紫荆生长指标比较

2011 年 11 月，对各地造林点'四季春1 号'紫荆树生长量进行调查。

表 8-6 '四季春 1 号'紫荆树生长指标测定（2011 年 11 月）

区域	品种	平均米径（cm）	冠幅（m） 南北 × 东西	平均新梢长（cm）
许昌	'四季春 1 号'	13.7	2.8×2.8	103
	湖北紫荆	12.3	2.5×2.5	97
郑州	'四季春 1 号'	13.2	2.6×2.5	105
	湖北紫荆	12.5	2.5×2.5	90
周口	'四季春 1 号'	13.9	2.6×2.6	102
	湖北紫荆	12.8	2.5×2.5	95
信阳	'四季春 1 号'	13.7	2.7×2.7	100
	湖北紫荆	11.3	2.5×2.5	91
商丘	'四季春 1 号'	13.5	2.6×2.6	99
	湖北紫荆	11.8	2.5×2.5	92

通过多点种植试验观测，结果（表 8-6）表明：'四季春 1 号'紫荆树的平均米径在各试验地相差均小于 1cm，平均新梢差异在 2~6cm 之内，冠幅较大而圆整，树形更为美观。'四季春 1 号'紫荆树在各试验地生长量差异不大，均优于湖北紫荆。

2.3.2 抗逆性评价

表 8-7 湖北紫荆抗逆性观测

区域	品种	抗寒	抗旱	耐涝	抗风	病虫发生率（%）
许昌	'四季春 1 号'	未发现冻害	特旱时有少量落叶	较耐涝	抗风抗倒伏	5.5
	湖北紫荆	未发现冻害	特旱时有少量落叶	较耐涝	抗风	11
郑州	'四季春 1 号'	未发现冻害	特旱时有少量落叶	较耐涝	抗风抗倒伏	8
	湖北紫荆	未发现冻害	特旱时有少量落叶	较耐涝	抗风	11
周口	'四季春 1 号'	未发现冻害	特旱时有少量落叶	较耐涝	抗风抗倒伏	9
	湖北紫荆	未发现冻害	特旱时有少量落叶	较耐涝	抗风	11
信阳	'四季春 1 号'	未发现冻害	特旱时有少量落叶	较耐涝	抗风抗倒伏	8
	湖北紫荆	未发现冻害	特旱时有少量落叶	中等耐涝	抗风	11
商丘	'四季春 1 号'	未发现冻害	特旱时有少量落叶	较耐涝	抗风，中等抗倒伏	7
	湖北紫荆	未发现冻害	特旱时有少量落叶	中等耐涝	抗风	11

对 5 个区试点'四季春 1 号'紫荆树综合抗逆性进行评价（表 8-7），'四季春 1 号'紫荆树未发现冻害，具有较强的抗寒性；当缺水比较严重时，植株有少量落叶；若长时间水渍，植株会出现少量黄叶；其遇暴风雨不易倒伏，有些大树枝条会下垂，严重时部分折断；'四季春 1 号'紫荆树的病虫害发生率比湖北紫荆小，均小于 10%。综合抗逆性分析，'四季春 1 号'紫荆树抗逆性能力更强。

2.3.3 物候期观测

在 5 个试验地点，分别栽植 30 株'四季春 1 号'紫荆树和 30 株同树龄的湖北紫荆。选择其东、西、南、北各方向的树冠中上部大枝，定期观测记录物候变化（表 8-1、8-2、8-3、8-4、8-5）。

表 8-8　'四季春 1 号'紫荆树物候期观测（许昌鄢陵陈化店）（日 / 月）

年度	品种	芽萌动	展叶	花期		果实生长期		新梢生长		落叶期
				初花	末花	现果	果实成熟	始期	结束	
2011	'四季春 1 号'	25/3	13/4	10/3	11/4	23/4	5/10	17/4	20/6	18/11
	湖北紫荆	18/3	5/4	15/3	8/4	20/4	10/10	21/4	25/6	18/11
2012	'四季春 1 号'	21/3	9/4	7/3	12/4	25/4	9/10	15/4	14/6	20/11
	湖北紫荆	15/3	8/4	12/3	10/4	21/4	14/10	20/4	20/6	20/11
2013	'四季春 1 号'	22/3	10/4	9/3	15/4	26/4	10/10	17/4	15/6	15/11
	湖北紫荆	18/3	10/4	14/3	12/4	22/4	15/10	22/4	22/6	15/11

表 8-9　'四季春 1 号'紫荆树物候期观测（郑州金水区）（日 / 月）

年度	品种	芽萌动	展叶	花期		果实生长期		新梢生长		落叶期
				初花	末花	现果	果实成熟	始期	结束	
2011	'四季春 1 号'	22/3	8/4	10/3	11/4	23/4	7/10	17/4	17/6	18/11
	湖北紫荆	17/3	3/4	15/3	8/4	20/4	10/10	21/4	25/6	18/11
2012	'四季春 1 号'	20/3	10/4	7/3	13/4	18/4	11/10	18/4	18/6	20/11
	湖北紫荆	15/3	5/4	12/3	10/4	15/4	15/10	20/4	20/6	20/11
2013	'四季春 1 号'	19/3	8/4	10/3	11/4	23/4	7/10	18/4	19/6	18/11
	湖北紫荆	17/3	3/4	15/3	8/4	20/4	10/10	21/4	25/6	18/11

表 8-10 ‘四季春 1 号’紫荆树物候期观测（周口淮阳城关）（日/月）

年度	品种	芽萌动	展叶	花期		果实生长期		新梢生长		落叶期
				初花	末花	现果	果实成熟	始期	结束	
2011	‘四季春 1 号’	18/3	9/4	9/3	11/4	20/4	7/10	16/4	21/6	18/11
	湖北紫荆	15/3	4/4	14/3	8/4	17/4	10/10	21/4	25/6	18/11
2012	‘四季春 1 号’	19/3	11/4	7/3	13/4	20/4	10/10	15/4	15/6	20/11
	湖北紫荆	15/3	5/4	12/3	10/4	15/4	15/10	20/4	20/6	20/11
2013	‘四季春 1 号’	20/3	10/4	10/3	12/4	21/4	10/10	17/4	20/6	18/11
	湖北紫荆	15/3	4/4	15/3	8/4	17/4	13/10	21/4	25/6	18/11

表 8-11 ‘四季春 1 号’紫荆树物候期观测（信阳市淮滨县关）（日/月）

年度	品种	芽萌动	展叶	花期		果实生长期		新梢生长		落叶期
				初花	末花	现果	果实成熟	始期	结束	
2011	‘四季春 1 号’	21/3	10/4	12/3	15/4	23/4	7/10	16/4	20/6	18/11
	湖北紫荆	19/3	5/4	17/3	10/4	20/4	10/10	21/4	25/6	18/11
2012	‘四季春 1 号’	20/3	12/4	10/3	13/4	22/4	10/10	17/4	17/6	20/11
	湖北紫荆	17/3	8/4	15/3	10/4	18/4	15/10	20/4	20/6	20/11
2013	‘四季春 1 号’	22/3	10/4	11/3	12/4	24/4	13/10	17/4	20/6	18/11
	湖北紫荆	19/3	5/4	16/3	9/4	20/4	10/10	21/4	25/6	18/11

表 8-12 ‘四季春 1 号’紫荆树物候期观测（商丘夏邑县）（日/月）

年度	品种	芽萌动	展叶	花期		果实生长期		新梢生长		落叶期
				初花	末花	现果	果实成熟	始期	结束	
2011	‘四季春 1 号’	19/3	7/4	10/3	12/4	22/4	13/10	18/4	22/6	18/11
	湖北紫荆	16/3	5/4	15/3	8/4	20/4	10/10	21/4	25/6	18/11
2012	‘四季春 1 号’	20/3	10/4	7/3	14/4	19/4	17/10	17/4	19/6	20/11
	湖北紫荆	16/3	8/4	12/3	10/4	15/4	15/10	20/4	20/6	20/11
2013	‘四季春 1 号’	22/3	9/4	10/3	13/4	23/4	15/10	17/4	23/6	18/11
	湖北紫荆	18/3	5/4	15/3	8/4	20/4	10/10	21/4	25/6	18/11

通过对'四季春1号'紫荆树连续3年的物候期进行观测，结果（表8-1，8-2，8-3，8-4，8-5）表明：'四季春1号'紫荆树在5个试验区3月中下旬芽萌动，4月上旬展叶，11月下旬落叶。开花期为3月上旬至4月上旬，花先于叶开放。4月中下旬现果，10月中下旬荚果成熟。新梢生长从4月下旬至6月底结束，5月份为新梢速生期。

幼树期肥水管理比较好的植株，新梢生长期可延长到8月下旬。6月中旬到8月中旬，为枝条加速生长期、花期、果实生长期等相差1~3天，其开花较湖北紫荆早约3天，落花晚约10天，花期较湖北紫荆长5~10天，芽萌动和展叶晚，新梢生长期短，果实成熟期提前。综上所述，'四季春1号'紫荆树在5个试验地区的物候期基本一致，可在河南及周边地区栽培应用。

3 '四季春1号'特异性、稳定性、一致性评价

四季春1号紫荆为高大落叶乔木，叶片心形或近圆形、互生，新叶具褐紫红，随成熟逐渐变绿中绿。春季花先于叶开放，花枝上花序非常密集，簇生于两年以上枝条上，每花序花朵数量很多，花深玫红色，花冠大于湖北紫荆、紫荆、红叶加拿大湖北紫荆。花期长达27±3天，相同环境条件下，比湖北紫荆早3天开放，花期比湖北紫荆长10天。种子黑褐色，比湖北紫荆的黄褐色略深。

3.1 特异性

表8-13 '四季春1号'紫荆树与近似种比较的主要不同点

品种 性状	'四季春1号'	湖北紫荆	紫荆
生长习性	乔木	乔木	灌木
花色	深玫红色	浅粉色、粉色、浅枚红色	玫红色
花期	长	短	中
花序密度	密	疏	中等
花序：花数量	很多	中等	多
花冠大小	大	中	小

3.2 一致性

'四季春1号'紫荆通过无性繁殖共有1~5年生苗2000株，均保持与母株一致的特性。目前尚未发现异形株。

3.3 稳定性

培育了5个世代的品种苗，特异性状得到了稳定遗传，与母株完全保持一致。

上图：湖北紫荆（左）与'四季春1号'（右）的花枝对比

中图：'四季春1号'（左）与湖北紫荆（右）的花序对比

下图：'四季春1号'的《植物新品种权证书》

国外紫荆属植物新品种研发起步于20世纪90年代,在这方面,国内较国外晚了20多年。国内的紫荆属植物新品种研发自2014年起,截止到2019年5月,短短5年时间就先后有7个新品种获得了《植物新品种权证书》,其中有6个是湖北紫荆的新品种。这也侧面反映了湖北紫荆在新品种研发方面与国外的加拿大紫荆一样,具有很大的潜力。

表 8-14 国内紫荆属植物园艺品种名录

序号	品种名称	种属	主要特征	专利起始时间
1	'四季春1号'		花玫红色,花量大,密生	20140627
2	'四季春2号'		叶片金黄	20160808
3	'四季春3号'		两季开花	20160808
4	'四季春4号'	*Cercis glabra*	花色近牙白色	20160808
5	'四季春5号'		叶背茸毛	20160808
6	'鸿运当头'		叶脉红色	20181211
7	'金星'	*Cercis canadensis*	叶片金黄	20181211

新品种应具有的特性:改良花色、改良叶色(彩叶),提高新品种观赏效果。延长花期、增加花量。

育种方法:目前,实生选育、杂交育种、诱变育种是四季春园林紫荆育种的常用方法。

1.1 '四季春2号':金叶

'四季春2号'紫荆树,属彩叶品种落叶乔木,茎玛瑙灰色,叶片心形或近圆形、互生,嫩枝顶梢叶呈现浅粉咖色,随着生长时间的推移,叶色依次呈现黄绿色、草绿色的变化,且色亮。花假蝶形,萼绛红色,花冠浅粉红色,先于叶开放,花期3~4月。果腹缝具翅,先端渐尖,果荚大小与湖北紫荆一致,种子多为7颗。

1.1.1 品种来源

2002年春,在漯河市临颍县本公司花木基地,收获成熟湖北紫荆种子约500g,进行实生培育,获得一批实生苗。当年7月在该批实生苗中,发现一个叶片黄色的变异单株,而当年其他实生苗均为浅绿色。

1.1.2 品种的特异性

每年春季进行一代接一代的嫁接，形成无性系。该无性系与湖北紫荆对比，具有如下特异性状。

①嫩枝顶梢叶呈浅粉咖色，而湖北紫荆呈咖色。②花淡粉色，花量少。③发叶比湖北紫荆早。④叶色随季节变化。

‘四季春 2 号’的叶色，春季、夏季、秋季其叶色依次呈现浅粉咖色、绿黄色、草绿色的变化，且色亮；而湖北紫荆、‘四季春 1 号’随着生长时间的增加，其叶色呈现赭黄色、绿色、墨绿色的变化，且色暗。

1.1.3 品种的一致性

‘四季春 2 号’紫荆树通过无性繁殖 1~6 年生苗 2000 株，均保持与母株一致的特性。

1.1.4 品种的稳定性

培育了 6 个世代的子代苗，均稳定遗传了母株特性，与母株性状完全保持一致。

1.2 ‘四季春 3 号’：两季开花

‘四季春 3 号’紫荆树，属豆科紫荆属落叶乔木；茎玛瑙灰色；叶片心形或近圆形、互生；花冠玫红色，3~4 月开放后，于 9~10 月再次开放，花期较春季长；春季开花所结果荚比巨紫荆略

左图：‘四季春 2 号’的品种来源

右图：湖北紫荆（左）‘四季春 2 号’（右）的新叶

小；秋季开花所结果荚不能发育成熟，即枯萎。随后，整株进入休眠状态。

1.2.1 品种来源

2002 年本公司漯河临颍苗圃基地中收获成熟湖北紫荆种子，约 500g 进行实生培育后并获得一批实生苗。2007 年春在该批实生苗中发现一株的二次开花的变异植株。该植株春天 3~4 月开花后，9~11 月仍然开花。

1.2.2 品种的特异性

每年春季逐代进行短枝嫁接，形成无性系。该无性系与湖北紫荆对比，具有如下特异性状。

①花色艳，呈现玫红色，与'四季春 1 号'相近。②一年两次开花，而湖北紫荆只开一次。③秋季花期较春季花期长。④春季开花所结果荚较湖北紫荆小。⑤秋季开花所结果荚不能完全成熟，秋季开花所结果荚枯萎。随后，整株进入休眠状态。

表 8-15 '四季春 2 号'性状对比

性状 \ 品种	'四季春 2 号'	'四季春 1 号'	湖北紫荆
叶色	浅粉咖色、绿黄色、草绿色的变化，且色亮	浅褐黄色、绿色、墨绿色的变化，且色暗	呈现赭黄色、绿色、墨绿色的变化，且色暗
花色	浅粉红色	玫红色	浅粉红色

'四季春 2 号'的夏季叶色

表 8-16 '四季春 3 号' 性状对比

性状 品种	'四季春 3 号'	'四季春 1 号'	湖北紫荆
花期	春花: 3~4 月 秋花: 9~11 月	3~4 月	3~4 月
花色	玫红色	玫红色	浅粉红色

1.2.3 品种的一致性

通过无性繁殖 1~6 年生嫁接 2000 余株, 均保持与母株一致的特性。嫁接多代后该品种仍然表现一年开两次花的性状。

左图:'四季春 4 号'与湖北紫荆(右上)的花色对比

上 1 图:'四季春 3 号'的秋季花

上 2 图:'四季春 3 号'秋季花后所结果荚枯萎

1.2.4 品种的稳定性

培育了 6 个世代的子代苗,均稳定遗传了母株特性,与母株性状完全保持一致。

1.3 '四季春 4 号':白花

'四季春 4 号'紫荆树为豆科紫荆属高大落叶乔木。嫩枝黄绿色,老茎玛瑙灰色;叶片心形互生,光滑;花萼绛红色,花冠白色,花于叶前开放,花期 3~4 月;果长条形,腹缝具窄翅;果荚大小与湖北紫荆相同。

1.3.1 品种来源

2002 年本公司漯河临颍苗圃基地中收获成熟湖北紫荆种子约 500g,进行实生培育后获得一批实生苗。2007 年春在该批实生苗中发现一株花色为白色的变异植株。

1.3.2 品种的特异性

每年春季逐代进行短枝嫁接,形成无性系。该无性系与湖北紫荆对比,具有如下特异性状。

①花萼绛红色,花冠白色。②叶片心形,表面光滑。③嫩枝黄绿色,而湖北紫荆为玛瑙灰色。

表 8-17 '四季春 4 号'性状对比

性状 品种	'四季春 4 号'	'四季春 1 号'	湖北紫荆
花色	浅粉色近牙白色	玫红色	浅粉红色

1.3.3 品种的一致性

'四季春 4 号'通过无性繁殖 1~6 年生嫁接 2000 余株，均保持与母株一致的特性。嫁接多代后该品种仍然表现开白花的性状。

1.3.4 品种的稳定性

培育了 6 个世代的子代苗，均稳定遗传了母株特性，与母株性状完全保持一致。

1.4 '四季春 5 号'：多毛

'四季春 5 号'紫荆树，属落叶乔木。茎浅色，茎嫩枝密被柔毛，树皮灰白色，较'四季春 1 号'颜色浅；新叶密被柔毛；较'四季春 1 号'花期长，花冠小；叶型偏长，叶柄正面红色背面绿色；花蝶形，玫红色，于 3 月底至 4 月初先于叶开放；荚果长条形，果期 9 月。

左图：'四季春 3 号'春季花

中图：湖北紫荆

右图：'四季春 1 号'的花枝

1.4.1 品种来源

2002年本公司漯河临颍苗圃基地中收获成熟湖北紫荆种子约500g，进行实生培育后并获得一批实生苗。次年春在该批实生苗中发现一株叶片和叶柄上密被柔毛花色为玫红色的变异植株。我们随即进行嫁接繁殖于第三年开花。

1.4.2 品种的特异性

每年春季逐代进行短枝嫁接，形成无性系。该无性系与湖北紫荆对比，具有如下特异性状。

①枝条多白色柔毛。②新老叶均密布柔毛，正面较背面少。③叶片较大，叶形偏长，叶柄正面红色背面绿色。④花期更长，比对照株长15天，比'四季春1号'长4~5天。⑤花与'四季春1号'相近，花量比湖北紫荆稀疏。

1.4.3 品种的一致性

通过无性繁殖获得一批1~6年生苗2000株，均保持与母株一致的特性：小枝条皆有白色柔毛，新叶密布柔毛，叶正面较背面少。树皮灰白，叶形偏长，叶柄正面红色背面绿色。花着生在二级分枝基部，呈现玫红色。无分化、返祖现象。

1.4.4 品种的稳定性

培育了6个世代的子代苗，特异性状得到稳定的遗传，与母株性状保持完全一致。

1.5 '鸿运当头'：新叶棕红色

'鸿运当头'紫荆树为豆科紫荆属植物，由河南四季春园林艺术工程有限公司选育所得，为湖北紫荆的实生选育品种，落叶乔木，当年生枝疏生皮孔，幼枝棕红色；幼叶淡棕红色至棕橙色，叶尾钝圆，叶脉红色。

上图:'四季春1号'(左)、
'四季春5号'(中)
与湖北紫荆(右)的花序对比
下图:'四季春5号'的多毛叶片
左图:'四季春4号'的白色花朵

上图:'四季春1号'(左)与'鸿运当头'(右)的
枝对比

下1、2图:'四季春1号'(左)与'鸿运当头'
(右)的叶表对比

下3、4图:'四季春1号'(左)与'鸿运当头'
(右)的叶背对比

表 8-18 '四季春 5 号'性状对比

性状	'四季春 5 号'	'四季春 1 号'	湖北紫荆
叶片	叶脉基部和主脉两侧皆有柔毛	叶背基部有柔毛	叶背基部有柔毛
叶片柔毛	新叶老叶皆有柔毛	新叶有柔毛，老叶无柔毛	新叶有柔毛，老叶无柔毛
花色	玫红色	玫红色	浅粉红色

1.5.1 品种来源

2012 年采收公司苗圃的成熟湖北紫荆种子，约 500g，进行实生培育，获得一批实生苗；2013 年春，在该批实生苗中，发现叶色变异单株，新叶淡紫红色，而其他同批播种的幼苗叶色为黄绿色。随即对此单株进行保护，持续观测并嫁接扩繁。2013 年 7 月至 2017 年 5 月，我们通过 10 个继代嫁接，获得嫁接苗 2000 余株，其性状稳定、一致。

1.5.2 品种的特异性

表 8-19 '鸿运当头'与'四季春 1 号'小枝幼叶对比

性状	'四季春 1 号'	'鸿运当头'
幼枝颜色	黄褐	棕红
叶片幼叶颜色	黄绿	淡紫红色至棕橙色

表 8-20 '鸿运当头'与'四季春 1 号'叶片对比

性状	'四季春 1 号'	'鸿运当头'
叶片顶部形状	渐尖	钝圆
叶片主脉颜色	黄绿	红色

1.5.3 品种的一致性

'鸿运当头'通过无性繁殖 10 个继代，繁殖 2000 余株，均保持与原变异株一致的特性。当年生枝疏生皮孔，幼枝棕红色；幼叶淡紫红色至棕橙色，叶尾钝圆，叶脉红色。

1.5.4 品种的稳定性

通过 10 次继代繁殖，获得 2000 余株无性系，特异性状都得到了稳定遗传，与原变异株完全保持一致。

表 8-21 '鸿运当头'与'四季春 1 号'对比总结

性状	'鸿运当头'	'四季春 1 号'	湖北紫荆
当年生枝皮孔	少	多	多
幼枝颜色	棕红	黄褐	棕绿
叶片顶部形状	钝圆	渐尖	渐尖
叶片幼叶颜色	淡紫红色至棕橙色	黄绿	淡棕橙
叶片主脉颜色	红色	黄绿	黄绿

第九章 '四季春1号'紫荆树

'四季春1号'紫荆树是豆科紫荆属落叶阔叶乔木,树高可达30m,树龄可达200年以上,花期长达一个月之久,花色玫红,先花后叶,是我国罕见的红色系观花大乔木。

第一节 品种介绍

1 品种概述

'四季春 1 号'紫荆树是豆科紫荆属落叶阔叶乔木，树高可达 30m，树龄可达 200 年以上，花期长达一个月之久，花色玫红，先花后叶，是我国罕见的红色系观花大乔木。

'四季春 1 号'紫荆树是四季春园林历时 15 年自主研发的优质苗木产品，具有《植物新品种权证书》及《林木良种证》，是乡土树种湖北紫荆的首个园艺品种。

'四季春 1 号'紫荆树巧妙地将传统灌木紫荆的花色与普通湖北紫荆的高度相结合，形成了花色艳丽、树体高大、抗逆性强的紫荆大树，是各大城市打造花阴大道的首选品种。

2 品种介绍

品种名称：'四季春 1 号'

拉丁名：*Cercis glabra* 'Spring-1'

科属：豆科紫荆属

高度 × 冠幅：15~30m×12~18m

2.1 形态特征

北方罕见的观花大乔木，胸径可达 60cm 以上，树龄可达 200 年左右；树皮呈玛瑙灰色，小枝灰黑色。

树形 树形高大笔直，冠似伞形，匀称规整。

叶 叶较大，厚纸质，心形，先端钝或急尖，基部浅心形至深心形，幼叶常呈紫红色，成长后绿色，上面光亮，下面无毛或基部脉腋间常有簇生柔毛；叶柄长 2~4.5cm。

花 花蕾呈深紫红色，花开后呈玫红色，花色艳丽，先于叶或与叶同时开放，稍大，长 1.5~2cm，花朵稠密，花梗细长。花期 3 月下旬至 4 月中下旬，长达 27±3 天。

果 荚果狭长圆形，紫红色，长 9~14cm、宽 1.2~1.5cm，先端渐尖，基部圆钝；种子 1~8 颗，近圆形，黑褐色，粒小，千粒重较小，结实率高。果期 9~11 月。

2.2 生长特性

喜光，也耐阴，生长速度中等。耐寒、耐旱、耐盐碱、耐热、耐水湿、耐贫瘠、抗风、抗污染、抗病虫害、易移植。

2.3 景观用途

树势高大雄伟，花色红艳迷人，花量大，花期长，心形叶，紫荚果，花叶果俱美；长势恢复快，抗逆性强，为高级的行

上1图:'四季春1号'的花朵

上2图:'四季春1号'的叶片

上3图:'四季春1号'的果实

下图:'四季春1号'紫荆树

道树、遮阴树、园景树。庭院、校园、公园、风景区、停车场等均可孤植、列植、群植美化。对土壤要求不高，固氮能力强，能净化空气，适应城市道路、河岸等各种环境。宜作行道树栽植，是打造城市花阴大道的首选树种。

3 获奖情况

'四季春1号'紫荆树自2015年推向市场起，多年来均受到众多专家学者的一致好评，已斩获"最具商业价值品种奖""最具发展潜力苗木品种奖""新优苗木品种奖"和"最具价值新品种奖"等 10 余个苗木类大奖，被誉为苗木产品"新品种时代"的领军产品。

4 同属对比

'四季春 1 号'与紫叶加拿大紫荆相比开花更早，前者进入盛花期后，后者花苞才刚刚萌动。与此同时，二者的落花时间大体相同，因此，与紫叶加拿大紫荆相比，'四季春 1 号'的观花期明显更长。

'四季春 1 号'较湖北紫荆花色更加艳丽，花量大，花密生，更为重要的是，'四季春 1 号'先花后叶，而湖北紫荆花叶同放，因此，在整个花期，'四季春 1 号'的景观效果都要更加震撼。

'四季春 1 号'较湖北紫荆花期更长，在末花期，湖北紫荆的枝头已经长满绿叶时，'四季春 1 号'依然花团锦簇。

上图：'四季春 1 号'的夏季新果
右 1 图：2015 年 11 月最具发展潜力苗木品种
右 2 图：2016 年 4 月最具商业价值苗木品种
右 3 图：2017 年 5 月《现代园林》最具价值新品种
左 1 图：2018 年 11 月全国十佳新优乡土树种
左 2 图：2019 年 3 月萧山花木节优秀产品奖
左 3 图 2019 年 4 月全国十佳耐盐碱苗木金奖

5 季相变化

‘四季春1号’，观赏性强，四季有景。

5.1 春观花，春花似锦，艳丽喜庆

‘四季春1号’在形态上最为突出的优势便是花朵，4月群芳争艳，此消彼长，‘四季春1号’遗世独立，花开10里，以其红艳的花色、高大的树体，持久的花期、震撼的花海吸引了无数"爱慕者"。4月末4月初举办的"中国（许昌）紫荆文化节"，每年都有成千上万的游客慕名而来，人们在这里感受到了观花大乔木的独特魅力，‘四季春1号’也由此缔造了"空间花海"的新格局。

上图：‘四季春1号’（左）与紫叶加拿大紫荆（右）花期对比

左图：‘四季春1号’（左）与湖北紫荆（右）盛花期对比

右图：‘四季春1号’（左）与湖北紫荆（右）末花期对比

5.2 夏观叶，夏叶翠绿，冠大阴浓

翠绿色总能缓解炎热，令人心情舒畅。夏季理应是绿色的，'四季春1号'花后生叶，花的盛宴刚一结束，硕大、翠绿、心形、富有质感的叶片就纷纷吐露，沿枝条依次排开，枝繁叶茂，冠大阴浓。庞大的树冠和狭长的新枝为城市居民提供更多绿阴，同时也给人更多清爽、潇洒之感。

5.3 秋观果，秋果紫红，妙趣横生

紫红色长条形荚果是'四季春1号'的另一项"法宝"；花期过后，绿叶掩映间，一串串一丛丛浅绿色荚果陡然出现，而后逐渐变红、变亮、变得越发可人好看。秋风扫过，整树的荚果簌簌作响，硕果累累，给人以丰沛、充实之感，也最合秋日风格。

5.4 冬观干，冬干挺拔，枝桠纵横

树形美不美，冬季看得最清楚。四季春园林一向重视苗木产品的标准化生产，注重修剪整形，长期致力于塑造苗木的规整树形，严格且精细的生产标准使得'四季春1号'均具有笔直的树干、饱满的树冠、统一的分枝点以及浓密且整齐的枝条。冬季落叶后，树干呈玛瑙灰色，细枝呈灰黑色，树干挺拔，枝桠纵横，看上去端庄大气，气度不凡。

左图:'四季春1号'春观花

上图:'四季春1号'夏观叶

下图:'四季春1号'秋观果

左 1 图：观花期

左 2 图：绿叶期

左 3 图：无叶期

右图：'四季春 1 号'冬观干

5.5 '四季春 1 号'的 3 个时期

（1）观花期：每年 3 月中旬至 4 月中旬，花期长达一个月之久。

（2）绿叶期：先花后叶，每年 4 月中旬至 12 月中旬为绿叶期，绿叶期包含了观果期，果实先绿后紫，观果期为 5~10 月。

（3）无叶期：落叶后至开花前为'四季春 1 号'的无叶期，时期为 12 月中旬至 3 月中旬。

6 产品类型

'四季春1号'的产品培养类型有独干和丛生两种，其中独干培养的，定干高度有4个大类：①分枝点0~0.5m。②分枝点1~1.5m。③分枝点2~2.5m。④分枝点3~3.5m。

7 产品优势

（1）存量优势：单品种植面积过万亩，存圃量几十万株；属专利产品，四季春园林独家生产及销售。

（2）观赏优势：花量大、花色艳、花密生，先叶开放，树体高大雄伟，枝繁叶茂。

（3）时期优势：开花早，与常见阔叶乔木相比观赏期更长；花期长，从初花期到末花期前后长达一个月之久。

（4）生长优势：耐旱、耐水湿、耐盐碱、耐移栽，抗风、抗病虫害，生长势旺盛。

（5）区域优势：宜栽区域宽，在大连、北京及其以南地区均可栽植；应用用途广，孤植、群植、列植均可。

（6）生态优势：固氮、固土能力强，可吸收有害气体，净化空气。

（7）品牌优势：规模化繁育、标准化培养、品牌化出圃，确保产品品质与景观持久性。

左 1 图：独干培养

左 2 图：定干高度 0.5m

左 3 图：定干高度 2.5m

中 1 图：丛生培养

中 2 图：定干高度 1.5m

中 3 图：定干高度 3.5m

右图：'四季春 1 号'的花期纪实

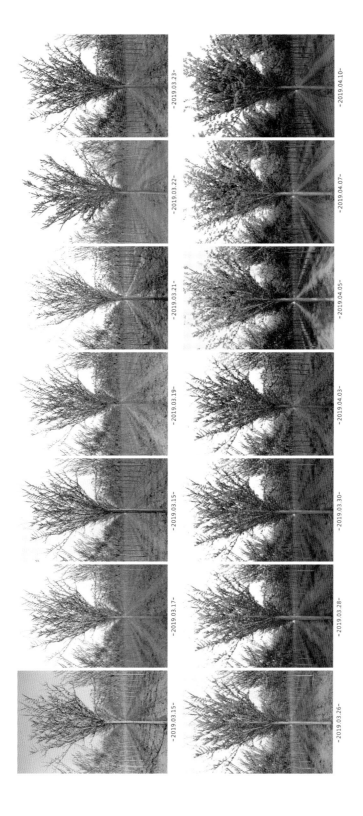

第二节 应用情况

1 应用场景

'四季春 1 号'观赏性强，四季有景，孤植、群植、列植皆可，可作行道树、庭阴树、广场树、园景树、草坪树及背景林带等。

应用场景有主干道、国道、地铁口、城镇公园、植物园、景区、校园、地产、停车场等；可分为道路类、公园类、广场类、景区类和园区类 5 个大类。

右图：道路类 – 花阴大道
下图：广场类 –CBD 广场

左图：景区类 – 花海景区
下图：园区类 – 特色小镇

【附篇】

以'四季春1号'紫荆树为例，谈园林植物新品种的应用与发展

2.1 什么是园林植物新品种

园林植物新品种是指在国家植物品种保护名录内的，经过人工选育或发现的野生植物加以改良，具备新颖性、特异性、一致性、稳定性和适当命名，通过审批并获得国家林业和草原局授予的《植物新品种权证书》的植物品种。

园林植物新品种的"新"字，一是体现在特异性上，即有一个以上的性状明显区别于已知品种；二是体现在新颖性上，即该品种在境内销售和推广未超过4年。所以，园林植物新品种对大众来说是新鲜的，但同时也是陌生的。大众对新事物的接受程度往往因人而异，这也就导致了园林植物新品种在景观应用中存在着一定的障碍和壁垒。

2.2 园林植物新品种在景观应用中的壁垒

园林植物新品种就一定都是好品种吗？当然不是。新品种的审批只规定了特异性，并未规定必须具有优良性状。因此，只要是与原有种类存在明显区别的品种，原则上都可以注册成为新品种。所以，对于那些在性状表现上仅仅存在细微差异，但在应用效果上并没有明显正向差距的新品种，与原有种类相比，其竞争力是比较弱的，在应用中排名靠后也是可以理解的。但若是与现有植物存在着明显差异，并且在效果上与原有种类也拉开了明显正向差距的新品种，在应用上却依然无人问津的话，就需要引起注意了，这或许就是新品种在景观应用中的真正壁垒。

首先要刨去喜好问题，不喜欢，再多优势也是无用，这里仅探讨喜欢却不应用的几个情况，这几个情况制约着优秀园林植物新品种的应用与发展：

喜欢，但不够了解，所以不会用。

以'四季春1号'紫荆树为例，仅知道这是一款开红花的大乔木，与常见的阔叶乔木都不太一样，但具体的长势如何、抗逆性

公园类 – 儿童公园

怎样都不够了解，也没有深入细致的去研究这一产品，所以在项目应用中，依然应用自己最为熟悉的苗木种类，如"老四样"的法桐、白蜡、国槐、银杏等，对新品种仅限于"隔空欣赏"阶段，离具体应用还有一大截路要走。

喜欢，也足够了解，但不敢用。

有些景观设计师，尤其年轻一代，若是喜欢一种树，定会查个"底朝天"，了解得透透彻彻的，不过最终结果就三种，要么是成功应用，要么是不想用了，要么就是不敢用。不想用的原因通常是在细致研究的时候发现了这一树种的隐藏缺陷，从喜欢到厌恶，所以不想应用了。而不敢用的原因则多数是由于对新品种的不信任引起的：担心新品种在项目中成活率低、长势差、表现不够出色，达不到预期效果，由此而被领导批评，影响了项目的整体品质和自己的业内名声。当一个景观设计师对新品种的喜欢程度不足以支撑该品种（可能）应用失败所带来的打击时，设计师是不会应用这一品种的。

喜欢，也足够了解，但用不起。

造价是很多景观设计师的"创意桎梏"，喜欢一种树，了解得也足够透彻，但一听价格就傻眼了，预算2000元一棵树，结果外面卖2万元，巨大的差价通常会逼着设计师变更设计，到最后也就只能望洋兴叹、无可奈何了，毕竟"一分钱一分货"，这是商业中的硬道理。很多景观设计师的设计理想要靠甲方的财力来支持，若是预算确实捉襟见肘倒也罢了，但现实中很多项目在预算上都存在着诸多不合理之处，有些平平无奇的树种却占据着高额预算，而肩负着提升品质和亮点的特色新品种，其采购成本竟被压缩的所剩无几。一个项目要想出新出彩，归根结底是要充分依赖苗木种类的，尤其是新优特色种类，"巧妇难为无米之炊"，甲方和景观设计师要平等对待园林植物新品种，不该"谈虎色变"，要充分尊重新品种开发者的劳动成果，让更多更好的新品种能够在项目上合理应用。

2.3 园林植物新品种在景观中的应用形式

园林植物新品种根据具体的形态特征与生态习性，可以有多种应用形式和多个应用场景。以'四季春1号'紫荆树为例，该品种在景观中的应用形式可以有以下五种：①孤植成景。②组合成境。③规则成阵。④列植成排。⑤连接成片。与5种应用形式相对应的最具代表性的应用场景依次是草坪树、景观节点、树阵、行道树、空间花海。建议的栽植数量依次是1株、3株、25株、100株和200株。

根据'四季春1号'紫荆树的规格参数及观赏期特点，推荐应用的园林场景包括但不限于以下几种：①城镇道路。②地产居民区。③风景区。④城镇公园。⑤校园。⑥停车场。⑦地铁口。⑧植物园。

2.4 如何正确应用园林植物新品种

园林植物新品种的应用要格外重视人性化，尤其是在人流量较大的地方，如地产、景区、公园、地铁口等，要充分考虑行人在树下通行这一重要因素，以人为本，适地适树。

人流量较大且有行人在树下穿行的园林场景，在种类选择时，有以下几点建议：

（1）分枝点不能太低，通常不低于2m。枝条不下垂，最好整体斜向上生长。分枝点太低或底部枝条下垂会影响行人与车辆通行，也容易被过往行人破坏或毁损。

（2）对过往行人来说不存在安全隐患。如花叶果皮等要无毒无害（夹竹桃的叶、树皮、根、花、种子均有毒），不可有刺（山楂和皂荚等枝干上有刺），不会划破衣服或刺伤皮肤，树皮光滑，无果或果实小且轻，果实掉落不会伤到行人或车辆。

（3）清洁型树种。行人通行时不会弄脏鞋子或衣物，车辆停在树下不会被污染车顶，花叶果掉落后方便环卫人员清扫，不会污染路面（受虫害影响，国槐或刺槐树下的路面通常发黑）。

（4）观赏期长。好的生态环境对人们拥有好心情有着极大的促进作用，因此，对于人流量较大地方栽植的园林植物新品种，其观赏期越长越好。春观花、夏观叶（果）、秋观果（叶）、冬观枝，园林植物新品种在观赏性上通常优于原有树种，选择观赏期长的园林植物新品种，合理搭配，尽量减少景观"空档期"。

（5）冠大阴浓。紫外线对人体的伤害是巨大的，树木庞大的树冠可以为人们提供天然的防晒绿阴，炎热的天气在南北方的全年中都占比不小，越南的地方，对树阴的需求量也就越大。因此，在人流量较大的地方，枝叶的浓密程度和树冠的遮阴效果应作为考量的重要因素。

此外，在应用园林植物新品种时，要根据应用场景，合理选择树高和分枝点。如空间有限的庭院需要选用分枝点低、树高较矮且易于修剪的苗木产品。以'四季春1号'紫荆树为例，建议规格为米径8cm，分枝点1m，树高2.5m。如经常有公交车等大型车辆经过的城市道路，行道树的分枝点和树高都要达到一定的高度。以'四季春1号'紫荆树为例，建议规格为米径13cm，分枝点3m，树高10m以上，要求树冠开张不下垂，最好能够在未来达到枝条郁闭，形成花（林）阴大道。同理，停车场应选用分枝点不低于2.5m、冠幅不小于3.5m的苗木产品，冠大阴浓，遮阴效果好，同时不会掉落黏着物，不会影响车辆清洁。

总而言之，园林植物新品种从研发生产到设计应用，都较常规产品更具难度，但"创新是一个民族进步的灵魂"，所以，行业理应鼓励新品种创新，尊重新品种版权，促进新品种发展。新品种的推广与应用是个复杂又漫长的过程，要求苗圃方、设计方、甲方及施工方四方联动。苗圃方要保证出圃品质，科学制定价格；设计方要深入了解产品，大胆设计应用；甲方要重视植物品种，合理分配预算；施工方要尊重知识产权，维护项目品质。四方共同努力，园林植物新品种才能更好地设计与应用，行业的创新型成果才能真正转化成动能，为城建项目增色添彩，注入活力。

下1图：石家庄火车站西公园栽植的'四季春1号'紫荆树
下2图：石家庄裕华西路栽植的'四季春1号'紫荆树
右图：郑州志洋路的'四季春1号'紫荆树

表 9-1　应用实例

	具体位置	栽植信息	应用形式	采购单位	备注
北京	北京外国语大学东校区图书馆前广场（共3处）	2019年3月27日，米径10cm 10株	校园绿化	北京外国语大学	
天津	天津市滨海新区某企业园区	2014年栽植，米径8cm 20余株	园区绿化	（略）	
石家庄	裕华西路（裕西公园），308国道（乏马村），石家庄火车站西公园（河北省质监局）	米径12cm 308株，米径15cm 56株	公园绿化、国道绿化隔离带、主干道背景林带	河北旺达园林绿化工程有限公司	
衡水	河北省衡水市某机关单位	2019年3月21日，米径12公分44株	园区绿化		
临沂	1.山东省临沂市市中心 2.山东省临沂市兰山区新区滨河西路与长春路交汇北200m处	1.2016年12月1日，米径10cm 301株 2.2018年9月28日，米径12cm 26株	1.市政绿化 2.社区绿化	1.山东绣美园林工程有限公司 2.临沂市三阳园林绿化有限公司	成活率100%，其中有2株长势相对较弱，叶片相对较小。

续表

	具体位置	栽植信息	应用形式	采购单位	备注
开封	河南省开封市龙亭区郑开大道辅路，宋都紫薇园	2018 年 3 月 24 日，米径 12cm 212 株	景区绿化	开封紫薇文化产业有限公司	
郑州	1. 郑州市京港澳高速航空港区志洋路 2. 紫荆山宾馆对面 3. 祥和 2 号院	1.2018 年 4 月 9 日，米径 12cm 201 株 2.2019 年 4 月 15 日，米径 15cm 42 株	1. 主干道行道树 2. 地铁口绿化 3. 地产绿化	1. 裕华生态环境股份有限公司 2. 本公司工程	
西安	陕西省西咸新区秦汉新城秦汉中学，西安植物园	陕西省西咸新区秦汉新城秦汉中学对面、西安植物园	主干道行道树、植物园	主干道行道树、植物园	
南京	江苏省南京市浦口区浦口大道（靠近南京长江隧道一侧）	2018 年春季， 米径 15cm 124 株；2018 年 12 月 20 日， 米径 15cm 143 株。	主干道行道树	鄢陵县柏梁德铭花卉苗木场	

左图：西安秦汉新城栽植的'四季春 1 号'紫荆树

右图：南京浦口大道栽植的'四季春 1 号'紫荆树

续表

	具体位置	栽植信息	应用形式	采购单位	备注
武汉	1. 武汉市蔡甸区知音湖大道天星村1号武汉花博汇 2. 武汉市园林科普公园(和平大道1240) 3. 武汉新洲区商发街102东北60m汪集门楼	1.2018年栽植, 米径12cm 30余株 2.2016年10月25日, 米径10cm 6株 3.2019年4月17日, 米径7~8cm 92株	1. 景区绿化 2. 公园绿化 3. 行道树	1. 武汉阅景汇投资发展有限公司 2. 武汉市园林科学研究所 3. 武汉季云绿化有限公司	
荆州	湖北省荆州市武德路	米径10cm 133株	道路绿化中央隔离带	荆州市中山绿苑园林建设有限公司	
杭州	浙江省杭州市滨江区白马湖建国饭店	2019年4月8日栽植, 米径11cm 20株	道路绿化景观节点	杭州市中旭市政园林工程有限公司	栽植时重剪。
宁波	宁波市鄞州区甬港北路	2018年10月12日栽植, 米径15cm 23株	主干道行道树		

	具体位置	栽植信息	应用形式	采购单位	备注
重庆	重庆市万州区周家坝天城大道	2019 年 3 月 12 日，米径 12cm50 株；2019 年 3 月 25 日，米径 11~12cm 50 株	地产绿化、主干道行道树	重庆蜀景园林绿化有限公司	
常德	湖南省常德市桃源县双龙村	2019 年 4 月 15 日，米径 11~12cm 10 株	园区绿化	湖南润龙园林有限责任公司	
遵义	（略）	2017 年 4 月 10 日，米径 12cm 30 株，米径 3cm500 株	（略）	遵义天兰地绿园林绿化有限责任公司	
福州	福州市园林科学研究院	2016 年 12 月 26 日，米径 8cm 2 株，高度 3m 10 株	园区绿化	福州市园林科学研究院	
漳州	福建省漳州市九海九湖中心小学	2016 年 12 月 6 日，地径 2cm 200 株	校园绿化	漳州市生福园林绿化工程有限公司	

【附篇】

北京的'四季春1号'紫荆树

北京又被称作"帝都",给人感觉就是城市真大呀,五环外面还有六环,六环外面还有七环,大有无限循环的趋势。北京的路真长呀,打车怎么也打不到尽头,遇上堵车真难捱,计费器还在蹭蹭跳表。北京的高校真多呀,一座挨着一座,一座强过一座。在绿化方面,北京的好东西真不少,各种进口大树、名贵花木,树形好的苗木似乎都栽到北京来了。当然,北京作为首都,格局必须是大的,包罗万象。北京的植物园里,就栽种着各式各样的植物,有些是当地的,有些是引种的,这些植物在园里扎根几十年,成为北京市城建绿化用树的重要参考。

湖北紫荆与北京

湖北紫荆的天然分布地十分广泛,基本涵盖了大半个中国,但野生种的标本并未在北京当地采集到。不过这并不妨碍北京栽种湖北紫荆。早在20世纪50年代,中国科学院北京植物园就从

上图:武汉市科普公园栽植的'四季春1号'
下左图:宁波甬港北路栽植的'四季春1号'紫荆树
下右图:荆州武德路栽植的'四季春1号'

南方引种了湖北紫荆，栽种到园里，这一栽就是60多年。如今那批湖北紫荆已经长成50多厘米的大树了，郁郁葱葱，蔚然成林。有这样一批"湖北紫荆老前辈"在北京"坐镇"，城建绿化者们还用担心这树种的越冬、越夏问题吗？

湖北紫荆与'四季春1号'紫荆树

湖北紫荆也叫巨紫荆，因树体巨大而得名。十几年前熟悉湖北紫荆的人没有多少，那时候这一树种还有3个分身：分布在云南的叫云南紫荆，分布在湖北的叫湖北紫荆，分布在河南的叫巨紫荆。如今，云南紫荆和巨紫荆作为异名都归入到湖北紫荆，三强合一，使得湖北紫荆的天然分布地更加广泛。

'四季春1号'紫荆树是湖北紫荆的首个园艺品种，2014年获得了《植物新品种权》证书，因其具有特征明显的玫红色花色（湖北紫荆原生种的花色为淡粉色），也被称作是湖北紫荆的红花品种。这一新品种目前已得到了科学量产、专业运作，将产权、品质与营销相结合，成为这一时期具有突出发展的园林植物新品种。

湖北紫荆在北京的园林应用很少见，大抵是人们对这一树种的熟识度还太低。不过湖北紫荆的红花新品种'四季春1号'紫荆树却先于原生种在北京有了两处园林应用。

第一处是在房山区的京林生态花园。京

河南汝州体育中心一侧栽植的'四季春1号'紫荆树

北京外国语大学的'四季春1号'观花期

林生态花园是京林园林和鸿美苗木共同打造的一处占地500余亩集观光旅游、景观展示、苗木收集于一体的城郊公园，全国50余家苗木公司将自己的"宝贝产品"以容器苗的身份亮相于此，这其中就包括了四季春园林的'四季春1号'紫荆树。

6株不同米径、不同树高、不同分枝点的'四季春1号'紫荆树从许昌运到北京，花期运输，并未影响花开效果。不过美中不足的是，由于准备时间太久，6株紫荆树被"捆绑"放置了十来天，枝条柔软的紫荆树拢冠太久会造成树冠交叉缠绕，影响树形。好在后期栽植时园方帮忙打开了树冠，因此现在的树形比刚去时要好得多。这6株紫荆树打算在京林生态花园内长期展览，房山区附近的朋友，可以去生态花园一探究竟。

第二处是在海淀区的北京外国语大学

北京外国语大学的'四季春1号'绿叶期

（以下简称北外）。北外园林处在栽树方面的确敢为人先，各类苗木新产品在北外校园内都能见到，这是北外学子的福气，也是其他高校该学习的地方。

栽树，是个长期事务，要伐枯去弱、新陈代谢。树木是园林的主体，漂亮的树木能够带给人们漂亮的心情。

北外在'四季春1号'刚开始推广时就引种了十来棵，是华北地区'四季春1号'的应用首例。今年春季，北外又购入了10株，栽种在东西院内，想必是高大绚丽的紫荆树让人念念不忘，一有栽树的空间首先想到的就是紫荆树。

早期栽植的紫荆树，分布在北外西院的图书馆广场、宿舍楼前、道路节点等三处，

花期去北外，紫荆树格外耀眼，毕竟开花的大乔木本身就非常罕见。今年春季新购入的紫荆树，栽种在施工中的东院，景观效果同样值得期待。

去北外拍这组照片时已经是4月13日了，原以为花期尾声，见不到多少花了，没想到花枝依然妖娆，花色依然绚烂。盛花期时的紫荆树是北外校园内一道亮丽的风景，与桃李樱梅同期争艳，胜在树高、花色艳和花期长。不过北外的这20多棵紫荆树，依然有一点点小问题，即顶部枝条"窜"得太猛，显得整体树形不够协调了。建议对顶枝适当回缩修剪10~20cm，去除顶端优势，刺激枝条底部萌发新的侧枝，使树冠更加匀称饱满，花朵更加丰硕密集。

为满足全国各地日益扩大的精品苗用苗需求，四季春园林与山东、河北、河南、湖南、云南等地的知名园林企业成立了'四季春1号'产业联盟，在华北、华东、西北及华南等不同区域同时标准化生产'四季春1号'工程苗，为该品种的更好更快发展奠定坚实的基础。

联盟宗旨：将最好的品种，种出最好的品质，卖上最好的价钱，创造最好的景观！

【附篇】

关于'四季春1号'产业联盟的十答十问

第一问：什么是'四季春1号'产业联盟？

答：'四季春1号'产业联盟（以下简称"联盟"）是河南四季春园林艺术工程有限公司于2018年发起创建的，是基于"新品种""新技术""新营销"三新体系的园林企业商业联合体。联盟旨在把最好的品种，种出最好的品质，卖上最好的价钱，以联盟形式共享专利品种与生产技术、合作生产、联合销售、协同发展。

第二问：'四季春1号'的品种优势和发展前景如何？答：'四季春1号'（*Cercis glabra* 'Spring 1'）是四季春园林历时15年研发得来的植物新品种，于2014年取得植物新品种权证书，是全球首个巨紫荆园艺品种，也是当下唯一一个在城市绿化项目中成功应用的巨紫荆品种。目前已在全国20多个省（自治区，直辖市）推广应用，多数作为行道树栽植，用量较大，需求旺盛。

'四季春1号'的突出优势有以下几点：①受新品种权保护。②是北方罕见的观花大乔木，花色玫红，艳丽喜庆。③花期长达27±3天，较其他观花乔木更具观赏优势。④抗逆性强，耐盐碱，抗病虫，抗风，适应范围广泛，在我国北京及以南大部分地区均能种植。

'四季春1号'上市三年来在工程苗销售上始终处于供不应求的状态，15cm工程苗在每株2.5万元的售价下依然保有旺盛销路。根据近些年来的精品苗行情可以预见，中国各地区的城市建设对观花大乔木的需求量会越来越大，而民族企业自主研发的乡土树种新品种将会替代外来进口品种成为新的主流。与此同时，联盟也将投入大量的资金与精力进行'四季春1号'的产品推广，使其快速被国内各大城市景观设计院园林设计师所熟识，保障其在城市园林绿化项目中的广泛且持续的设计与应用。

基于苗木品种的本身优势，加上新品种权保护下的全国存量阈值，再加上大企业间的联合推广互相销售，以及联盟的综合影响力，可以奠定'四季春1号'广阔的发展前景。

第三问：什么样的企业有资格加入联盟？

答：'四季春1号'上市后反响强烈，为保护品种权益，控制扩繁量，四季春园林始终坚持对外只售胸径6cm以上工程苗，不售种苗，以此来保障该品种的良性发展、长久发展。随着国内精品工程苗需求量的不断扩大，城市群布局逐步成型，按区域规划苗圃成为大型苗企发展的必经之路，'四季春1号'产业联盟就是在这样的背景下应运而生的。联盟强调的是强强联合，而强强联合指的是强者和强者互相结合，因此，加盟企业必须具备一定的实力，并且在当地有较大的影响力。联盟将坚持贯彻"不求多而求精"的原则做好成员招募工作。

加盟企业需至少具备以下几个条件：①至少有30~100亩土地可用于'四季春1号'苗木栽植。②至少有70万~100万元的启动资金。③有完善的经营管理及生产技术团队。④具备独立承揽园林绿化工程的能力。

第四问：具体是什么样的合作模式？

答：合作的主要流程如下：

（1）双方达成共识后签订《'四季春1号'工程苗生产合作协议》。

（2）联盟为加盟企业提供'四季春1号'种苗，同时收取总价款的50%作为成本回收，其余50%作为对加盟企业的投资资本金，投资回报以收回部分工程苗的方式兑现，收回比例最高不超过25%。

（3）联盟为加盟企业提供专业的技术指导，协助其完成苗木定植、培养及出圃等流程。

（4）加盟企业享受'四季春1号'新品种保护维权成功的收益权，维权行为保障加盟企业在本区域的品种独有性。

（5）加盟企业将种苗培养成工程苗后，如有销售困难的，联盟将协助其完成销售。

第五问：合作周期是多久？

答：合作周期从签订协议之日起，到加盟企业培养的工程苗全部销售完毕止，周期最少为5年。

第六问：培养成材的工程苗如何销售？

答：联盟成员均需按照全国统一售价进行销售。采用联合销售的方式，成员间可互相销售彼此的苗木产品，但需按统一价下调30%结算。产品相关的宣传页源文件、工程案例资料、认证证书、荣誉资质等，联盟成员共享。

联盟将创建联盟官微与官网，为各地区的加盟企业进行长期宣传。在项目合作时就近调苗，最大限度的发挥联盟成员的区位优势，节省运输成本。苗木出圃时，联盟将为加盟企业出具《'四季春1号'品种与质量认证证书》并为出圃苗木配备专业的防伪标牌。

第七问：全国会有多少家加盟企业？

答：为避免同质化内部竞争，确保加盟企业合作区域范围内的利益，原则上每个地市级城市最多招募3家加盟企业，同时根据不同城市的经济实力与绿化工程量相应增加或减少加盟企业数量。

第八问：加盟企业是否可以任意扩繁'四季春1号'？

答：加盟企业不得以任何形式繁殖'四季春1号'，相关种苗由产权单位统一生产。

第九问：什么是维权收益？

答：'四季春1号'于2014年6月27日取得《植物新品种权证书》，品种权期限为20年，在此期间，该品种的繁育、经营与销售受法律保护。《中华人民共和国植物新品种保护条例》第三十九条第三款规定：省级以上人民政府农业、林业行政部门依据各自的职权处理品种权侵权案件时，为维护社会公共利益，可以责令侵权人停止侵权行为，没收违法所得和植物品种繁殖材料；货值金额5万元以上的，可处货值金额1倍以上5倍以下的罚款；没有货值金额或者货值金额5万元以下的，根据情节轻重，可处25万元以下的罚款。"

加盟企业在合作所在行政区内发现侵犯'四季春1号'新品种权行为，主动维权且维权成功的，维权成果处罚金归加盟企业所有，违法所得的繁殖材料及种苗需销毁；在合作所在行政区以外发现侵权行为并积极参与维权工作的，可享受维权成果处罚金30%的收益权，违法所得的繁殖材料及种苗需销毁。

第十问：苗子养大了卖不掉怎么办？

答：联盟在进行全国布局时，将认真估算市场容量，推向市场的种苗做到宁缺毋滥。布局完成后将最大限度地发挥联盟优势，合理调配全国资源，逐步提升联盟的行业影响力，为加盟企业创造更多的精准需求。联盟将与加盟企业持续合作，直到加盟企业全部约定产品售罄为止。

结语："'四季春1号'产业联盟"，这一新兴的苗企联合运作模式，被誉为是苗木行业"最具划时代意义的商业模式"，其经营思路与利润走势对苗木行业未来多维发展具有诸多参考价值，也为总是被"该种什么品种"这类问题而困扰的苗企提供了一个稳妥且便捷的选择。我国未来的苗木行业，必然是"百花齐放、百家争鸣、联盟联合、区域共赢"的，在这之前也必然要走一些从未走过的新路，尝试一些从未尝试过的方法，打破一些从未打破过的旧规则，路在脚下，走就是了。

第十章 '四季春 1 号'紫荆树的快繁技术与生产技术研究

传统的观赏苗木生产和管理，在很大程度上是凭经验，受人为因素影响较大，成品个体差异大，观赏性状不稳定，苗木质量良莠不齐，必然导致市场竞争力下降。

'四季春1号'紫荆树新品种是我国紫荆属第一个取得植物新品种权的品种，是紫荆属植物研究的重大突破，为该属植物的新品种选育及鉴定创造了良好开端。

项目所采用了组培、嫁接、扦插、压条四种无性繁殖方法，仅嫁接繁殖在国内有少量报道外，还未见其他3种繁殖方法在湖北紫荆上的应用。

1 扦插技术

1.1 试验材料

2010—2011年对'四季春1号'紫荆树新品种嫁接繁殖技术进行试验。扦插地点设在河南四季春园林艺术工程有限公司临颍苗圃。

1.2 试验方法

硬枝扦插选用成熟木质化枝条带踵扦插，插穗10~15cm，粗0.5~0.8cm。嫩枝扦插的插穗从幼龄母树上选择生长健壮的当年生半木质化枝条，小枝长15~20cm，粗0.5~0.8cm，上部保留部分叶片，平切口平滑。苗床选用蛭石：粗砂=1:1为基质，硬枝扦插在4月初，嫩枝扦插在6月初进行。扦插前1周用0.5%高锰酸钾进行插床消毒。分别用200mg/L、300mg/L、400mg/L的NAA，处理10分种、30分钟、60分钟。每种处理方法，剪取160根插穗，30天后查看其生根成活情况。

1.3 结果与分析

表10-1 硬枝扦插处理不同时间方法的成活率

浓度	200 mg/L	300 mg/L	400 mg/L
10min	25.8%	30.8%	27.6%
30min	29.8%	35.4%	31.4%
60min	27.6%	31.6%	30.8%

表10-2 嫩枝扦插处理不同时间方法的成活率

时间	200 mg/L	300 mg/L	400 mg/L
10min	29.6%	34.7%	30.4%
30min	32.7%	39.3%	33.7%
60min	30.5%	35.6%	28.8%

硬枝扦插在4月初，扦插前1周用0.5%高锰酸钾进行插床消毒，以300mg/L NAA处理0.5小时，生根成活率最高35.4%；嫩枝扦插在6月初，扦插前1周用0.5%高锰酸钾进行插床消毒，以250mg/L NAA处理0.5小时，生根成活率最高为39.3%。

1.4 小结

'四季春1号'紫荆树扦插苗能保持原

品种的优良特性，成苗快，开花早，繁殖材料充足，产苗量大，繁殖容易。但是植株的成活率较低，且根系较浅、弱，植株生长后期容易出现扁冠现象。

2 压条技术

2.1 试验材料

2010—2011年对‘四季春1号’紫荆树新品种嫁接繁殖技术进行试验。压条地点设在河南四季春园林艺术工程有限公司柏梁苗圃。

2.2 试验方法

选择生长健壮且无病虫害的一二年生、分枝点较低且较多的植株作为母株，夏季7月底至8月中旬进行，采用普通压条法、堆土压条法、空中压条法，统一对压条进行环状剥皮。

2.3 结果与分析

表10-3　压条成活比较

压条方法	压条株数	成活株数	成活率（%）
普通压条	89	28	31.5
堆土压条	100	36	36.0
高空压条	120	53	44.2

由表10-3可以看出三种压条方法在湖北紫荆无性繁殖中的成活率都低于50%，其中高空压条的植株成活率最高也仅为44.2%。

2.4 小结

‘四季春1号’紫荆树压条繁殖能保持

原有品质的特性，但成活率较低，繁殖周期较长，人工投入较大。

3 嫁接技术

3.1 试验材料

2010—2011年对‘四季春1号’紫荆树新品种嫁接繁殖技术进行试验。嫁接地点设在河南四季春园林艺术工程有限公司薛店苗圃。

3.2 试验方法

砧木为2年生根系发达、生长健壮、成活率高、接株生长快、定植易活的湖北紫荆实生苗。接穗为‘四季春1号’紫荆树。嫁接时期设为夏季生长期芽接和春季劈接或插皮，每种方法嫁接100株。

（1）夏秋芽接用的接穗为当年生新梢，由于组织较柔嫩，气温高易失水，因此最好随采随用。嫁接方法采用“T”字形芽接、大方块芽接和带木质芽接。

（2）春季劈接或插皮接用的接穗可在休眠期采集，以不迟于萌芽前2~3周为度。采下的接穗应立即剪去叶片（但保留叶柄）和先端不充实的部分，以减少水分蒸腾和便于嫁接时的操作及检查嫁接成活率。而后剪成25~30cm长短，打成捆，挂好标签，用湿布或湿的卫生纸等包好保湿，以防芽被弄断或枝条受伤。接穗在嫁接过程中，一般要求在3~4天内接完，否则嫁接成活率不高，夏季芽接为“T”字劈接和插皮接两种。

表 10-4 嫁接成活比较

嫁接方法	嫁接株数	成活株数	成活率（%）	嫁接时间
"T"字芽接	100	98	98	20100721
大方块芽接	100	99	99	20100722
带木质芽接	100	98	98	20100803
劈接	100	96	96	20110302
插皮接	100	95	95	20110406

上图：湖北紫荆新品种的嫁接繁殖法
中图：'四季春1号'组培苗
下图：'四季春1号'组培苗

3.3 结果与分析

从表 10-4 试验结果可以看到，'四季春 1 号'紫荆树新品种生长季节无论哪种芽接方法，成活率都在 98% 以上。春季劈接或插皮接的成活率也在 95% 以上。因此，湖北紫荆新品种利用嫁接繁殖，成活率高，可作为主要的繁殖方法。

'四季春 1 号'紫荆树嫁接植株能保持原品种的优良性状，且能提高接穗品种的抗性和适应性，提前开花结实，并且可以改变植株造型、提高观赏性，成活率高，技术简便，适宜推广使用。

4 组培快繁技术

4.1 试验材料

2010—2011 年对'四季春 1 号'紫荆树新品种组培繁殖技术进行试验。组培地点设在河南四季春园林艺术工程有限公司临颍县组织培养室。

4.2 试验方法

选取 2 年生'四季春 1 号'植株茎尖为

外植体，以 MS 培养基为基本培养基。不同培养阶段，附加不同种类和不同浓度的植物生长调节剂。待组培苗新生根 3~5 条，根长 3~5cm 时，移入培养土中栽植。

4.3 结果与分析

'四季春 1 号'紫荆树组培选用 MS 培养基。继代增殖过程中 ZT 浓度为 3.0mg/L，培养 20 天后繁殖系数可达 4.5 倍。生根剂 TA 浓度 0.5mg/L， 或 IAA 0.5mg/L+NAA 0.5mg/L+TA 0.5mg/L 的最佳配方，生根率达到 96.5%，移栽成活率达到 96.6%。

IAA、NAA 和 TA 及其配合对湖北紫荆组培苗发根部位、根系生长状况和移栽成活率均有影响。TA 诱导湖北紫荆生根，诱导根从皮层或愈伤组织上发出。一般来说，前者发出的根与茎输导组织连接较好，移栽易成活。本试验结果也证实了这一点。

'四季春 1 号'紫荆树组织培养可以保持原品种的特性，繁殖倍数大，移栽成活率高，但其在大规模繁殖时前期需要投入的相关仪器设备较多，且对繁殖环境要求严格，操作不当会造成大面积污染，损失严重。由于操作要求精度高，条件严格，且单个植株成本高，不易大范围推广。

4 繁殖方法对比与优选

4.1 四种繁殖方法成活率对比

表 10-5　四种繁殖方法成活率对比

繁殖方法	扦插	压条	嫁接	组培
成活率	35.4%~39.3%	31.5%~44.2%	95%~98%	96.6%

总结以上四种繁殖方法，如表 10-5 所示，扦插繁殖和压条繁殖成活率较低，都小于 45%。而嫁接繁殖和组培快繁成活率均在 95% 以上，较为理想，初步确定这两种方法是'四季春 1 号'紫荆树可选的繁殖方法，并进一步对它们进行成本分析，以确定最优繁殖方法。

项目制定的《'四季春 1 号'紫荆树新品种工程苗生产标准》也是紫荆属植物第一个生产标准。传统的观赏苗木生产和管理，在很大程度上是凭经验，受人为因素影响较大，成品个体差异大，观赏性状不稳定，苗木质量良莠不齐，必然导致市场竞争力下降。'四季春 1 号'紫荆树的选育和标准化生产则解决了上述问题，通过生产标准化建立把科技成果、实践经验，转化为量化程度高、操作性强、系统配套的技术标准。

1 整地与定植

'四季春 1 号'紫荆树耐旱耐瘠，但良好的土壤条件和栽培管理能明显提高生长速度，提早出圃。其砧木播种地应选择向阳、排水良好、灌溉方便、土壤肥厚的砂质壤土。冬季播种前 2~3 个月，将圃地深翻 20~30 cm，让冬季的低气温深冻一下，在 2 月底 3 月初开始整地。在圃地里施农家肥 75 t/hm² 或尿素 750 kg/hm²+ 磷肥 1500 kg/hm²，细碎土壤，清除草根及杂物。另外，每亩地可用 100~200 g 50% 多菌灵对土壤进行消毒，然后整成宽 100 cm、高 20 cm、步道 40 cm 的苗床。挑选充分成熟、籽粒饱满的湖北紫荆种子沙藏 45 天后进行播种。

定植前，栽植前要认真整地，首先将土地深耕，每亩地施农家肥 500kg 或施尿素 50kg+ 磷肥 100kg。栽植密度以株行距 1.5m×2m 或 2m×3m 为宜。栽植前挖 0.6m 见方的栽植穴，栽植时间以秋末或早春为好。选择根系完整、无病虫害、生长健壮、大小一致的苗木，确保湖北紫荆栽后生长一致，林相整齐，提高栽培经济效益。

2 栽培管理

2.1 水分管理

'四季春 1 号'紫荆树栽植成活后，科学合理的土肥水管理对其生长开花影响十分明显。'四季春 1 号'紫荆树发芽后枝条速生期正值春末夏初干旱期，此期降水少，空气湿度小，地面蒸发量大，缺水会明显影响植株生长。此期应根据土壤含水状况及时补充水分。正常年份浇水 1~2 次，较旱的年份浇水 2~3 次，保证树体健壮生长。进入雨季一般不灌水，特别干旱的年份浇水 1~2 次。进入冬季后，浇一次封冻水，萌芽前浇一次萌动水。保证'四季春 1 号'紫荆树植株安全越冬和及时萌芽。

2.2 肥料管理

1~3 年生为'四季春 1 号'紫荆树幼年

期，这一阶段主要以营养生长为主。'四季春1号'紫荆树幼林对肥料需求十分敏感，特别是对氮肥需求量大，生长季节施肥对植株生长具有十分明显的促进作用。

表 10-6 施肥对 2 年生'四季春 1 号'紫荆树营养生长影响

肥料	树高（cm）	地径（cm）	冠径（m）	平均枝条长（cm）
碳铵 100kg/ 亩	389	3.7	1×1	115
尿素 50kg/ 亩	403	3.9	1×1	117
美国二铵 50kg/ 亩	396	3.9	1×1	122
对照不施肥	283	2.4	0.6×0.6	98

对 2 年生'四季春 1 号'紫荆树生长季节施肥可以看到（表 10-6），累计追施 100kg/亩碳铵，高生长增加 106cm，地径增大 1.3cm；每亩累计追施 50kg/亩尿素，高生长和地径较对照增大 1.0cm 和 1.5cm；每亩累计追施 50kg/亩美国二铵复合肥，高生长和地径较对照增加 113cm 和 1.5cm。冠径和平均枝条生长量较对照增长也十分明显。

'四季春 1 号'紫荆树度过幼年期后，开始进入生殖生长阶段，该阶段以施用 P、K 肥为主。为保证苗木品质、降低有害物质积累，每亩施用充分腐熟的有机肥 50 kg，可保证有充足的养分供给花芽分花，提高花芽质量，增强越冬抗寒能力，有效促进湖北紫荆着花量，提高花朵质量。

2.3 定干、修剪

'四季春 1 号'紫荆树萌枝力强，叶片硕大，易造成主干因枝头下坠而弯曲，对培养通直的干形不利。在培养主干过程中，当枝条萌发后，用竹竿绑缚主干，帮助主干垂直生长。第 1 年将干高 1m 内萌枝清除，雨前将主干延长枝绑缚于竹竿上，防止降雨过程中枝叶湿雨增加重量而造成主干延长枝风折。第 2 年修除下部 1~2 轮枝（或清除干高 3m 内大枝），对主干延长枝选中上部饱满芽处截干，萌芽后抹去竞争枝，保留下部萌枝 2~3 个，促使主干延长枝健壮生长，当年主干延长枝可达 2m。第 3 年按上述方法继续接干修枝。为采摘鲜花方便，使用'四季春 1 号'紫荆树适宜的定干高度为 2m，即当树干分枝高度达到 2m 时，即可结束接干修枝措施，进入常规管理。

春季萌动时适当进行修剪，剪除枯枝、部分老枝，但对 2 年生枝条尽量保留。花后可剪去部分老枝，以促进花芽分化。

3 株行距选择

为保证'四季春 1 号'紫荆树株形饱满，需要确定合理的株行距。2011 年秋季，课题组人员在公司临颍基地进行株行距对比试验。株行距设置 2m×3m，2.5m×3.5m，3m×4m，3.5m×4.5m 4 个水平，每个水平定植 100 棵，以后每年对其冠干比、枝条生长量、着花枝花序数量、花序花朵数进行测定。

冠干比测定方法：测定'四季春 1 号'

紫荆树冠幅及干高（2m），冠幅与干高比值即为冠干比。

着花枝花序数量测定方法：'四季春1号'紫荆树花一般着生在老枝上，从定干分枝处开始测定至花枝1m处的花序着生数量，每棵树测定着生质量较好的3个枝条，最后测定每个水平平均值。

花序花朵数测定方法：每棵树从测定花枝上随机摘取3簇，分别查花序花朵数，最后测定每个水平平均值。

表 10-7　不同株行距对'四季春1号'紫荆树花产量影响

年度	株行距	冠干比	枝条生长量（cm）	着花枝花序数量	花序花朵数
2011	2m×3m	0.71	96	3.8	15.2
	2.5m×3.5m	0.71	96	3.8	16.5
	3m×4m	0.72	99	3.9	18.4
	3.5m×4.5m	0.72	99	4.2	18.5
2012	2m×3m	1.35	98	8.6	24.8
	2.5m×3.5m	1.35	98	9.7	25.7
	3m×4m	1.39	99	9.7	39.1
	3.5m×4.5m	1.4	102	10.8	30.1
2013	2m×3m	1.75	91	12.6	25.9
	2.5m×3.5m	1.77	90	12.8	27
	3m×4m	1.85	103	14.8	33.5
	3.5m×4.5m	1.96	103	15.9	32.4
2014	2m×3m	1.94	90	15.5	26.6
	2.5m×3.5m	2.01	92	16.4	26.9
	3m×4m	2.32	102	19.8	32.1
	3.5m×4.5m	2.43	105	20.1	34.7

合理选择株行距

由表 10-7 可知，在嫁接后的前两年内，不同株行距对'四季春 1 号'各指标影响不大；第 3 年和第 4 年出现显著差异，3m×4m 和 3.5m×4.5m 株行距各指标明显好于 2m×3m 和 2.5m×3.5m，说明在嫁接后第 3、4 年'四季春 1 号'紫荆树适宜定植的株行距为 3m×4m 和 3.5m×4.5m，在此条件下光照充足，空间大，空气流动性好，使'四季春 1 号'紫荆树冠幅增大，花朵稠密。

综合土地利用情况，确定'四季春 1 号'紫荆树最适宜的株行距为 3m×4m。

4 间作模式

'四季春 1 号'紫荆树造林前期树体小，行间光照充足，可间种低秆的经济作物或绿化幼苗，既可增加收入又可减少除草用工。间作模式不当可严重影响湖北紫荆生长发育。我们在鄢陵陈化店苗圃试验了不同间作物逐年的产量及对湖北紫荆生长的影响。

表 10-8 不同嫁接年龄段'四季春 1 号'紫荆树林间种作物效益比较

间作物	第 1 年	第 2 年	第 3 年	第 4 年	备注
大豆（kg/亩）	128.7	82.5	36.2	10.3	'四季春 1 号'紫荆树株行距 2m×3m
玉簪高生长（cm）	15	8	6	——	
金叶榆高生长（cm）	60	40	38	35	
大豆（kg/亩）	135.7	90.6	53.2	8.7	'四季春 1 号'紫荆树株行距 3m×4m
玉簪高生长（cm）	20	15	8	——	
金叶榆高生长(cm)	91	81	60	57	

根据我们试验，'四季春 1 号'紫荆树栽植前 3 年可间种玉簪、大豆、金叶榆。从表 10-8 可以看到，间作物产量随树龄增长而下降。第 1 年间作物产量较高；第 2 年间作物产量急剧下降；第 3 年间作物产量更低；第 4 年几乎绝收。间种的玉簪和金叶榆高生长量也随'四季春 1 号'紫荆树林郁闭增加而减少。'四季春 1 号'紫荆树 2m×3m 和 3m×4m 密度第 1 年时间作物产量影响不明显，第 2 年以后影响十分明显，若要延长间种年限，湖北紫荆栽植密度不可过高。供试的栽植密度可在前 2 年间种农作物。

5 病虫害防治

'四季春 1 号'紫荆树比湖北紫荆抗病虫能力更强，多年来栽培未发现重大疫病和灭生性害虫。在栽植密度较大时，个别植物易染叶部角斑病、叶枯病和枯萎病。害虫有蚜虫、褐边绿刺蛾、大袋蛾等。

5.1 常见病害防治方法

针对常见的病害，应采取相应的技术进行有效防治。主要的防治方法如下：

(1) 秋冬季清除病落叶，集中烧毁，减少侵染源。发病时可喷50%多菌灵可湿性粉剂液。每10天喷1次，连喷3~4次可较好地防治角斑病。

（2）加强养护管理，增强树势，提高植株抗病能力。苗圃地进行轮作，或在播种前条施70%五氯硝基苯粉剂，1.5~2.5kg/亩。及时剪除枯死的病枝、病株，集中烧毁，并用70%五氯硝基苯或3%硫酸亚铁消毒处理。或用抗霉菌素120水剂100mg/L药液灌

根用于防治枯萎病。

（3）秋季清除病落叶并集中烧毁。展叶后50%多菌灵800~1000倍液，或50%甲基布托津500~1000倍液喷雾，10~15天喷一次，连喷2~3次，用来防治叶枯病。

5.2 常见虫害防治方法

对蚜虫、褐边绿刺蛾、大袋蛾等的防治可采取以下措施进行防治：6月下旬至7月，在幼虫孵化危害初期喷800~1200倍敌百虫。秋冬摘除树枝上越冬虫囊，用来防治大袋蛾；幼虫发生早期，以敌敌畏、敌百虫、杀螟松、甲胺磷等杀虫剂1000倍液喷杀。少量发生时及时剪除虫叶，用来防治褐边绿刺蛾；喷施40%乐果乳油1000倍液，用来防治蚜虫。

第十一章　湖北紫荆园艺品种的产业展望与探索

湖北紫荆这一观花型乡土树种在新品种培育方面潜力巨大，可从花、叶、果、形四方面进行研发。

1 一产：新品种培育

湖北紫荆这一观花型乡土树种在新品种培育方面潜力巨大，可从花、叶、果、形四方面进行研发，具体目标如下。

1.1 花

（1）单色花、多色花。

（2）单瓣花、重瓣花。

（3）花期单开、二（三）次开。

1.2 叶

（1）最小叶片、最大叶片。

（2）绿叶、多彩叶。

1.3 果

（1）单色果、多色果。

（2）无果、不落果。

1.4 型

（1）最小树、最大树。

（2）单乔木、多树形（垂枝、窄冠等）。

2 二产：衍生产品

2.1 花产品

2.1.1 花茶

紫荆花仅做观赏用，其落花废弃，利用极少，而四季春园林公司所培育的湖北紫荆新品种'四季春1号'花量更大、花期更长，又因其具有一定的药用价值，是很有潜力开发作为花茶的良好材料，与番红花、玫瑰茄相似的以观色及保健功能兼具的新型花茶产品，如经过推广开发极具开发利用价值。

2.1.2 色素

从紫荆成熟的花瓣提取的红色素，经纯化后，为鲜红色浓缩液，紫外线最大吸收光谱为530.54nm，与国际流行的安全食用天然色素玫瑰茄红色素的530.541nm，基本一致。紫荆花红色素属黄酮类花色苷类色素，其具有一定的还原性、清除 OH 和 O^{2-} 的作用，其还原力与清除能力均高于 VC，说明紫荆花红色素具有一定的抗氧化性。

2.1.3 蜂产品

紫荆花蜂蜜有促进消化、护肤美容、抗菌消炎、提高免疫力、治疗便秘、治疗口疮等功效。

2.2 紫荆油

豆科植物的种子具有高蛋白的特点，其中许多种类还具有高油分的特点，提供人类大量的卡路里。豆科是很好的油料植物，是包含油脂植物种类的优势科，大豆和落花生就是重要的油料作物。因此在豆科湖北紫荆中寻找富含不饱和脂肪酸的新

湖北紫荆新品种培育中花朵方面的可能性

油源是可能的。公司所培育的湖北紫荆新品种花繁果多，其种子少量用于繁殖外，大部分种子都因没有合理利用而废弃。目前，还没有关于紫荆属种子油脂成分研究的报道。从其种子中提取的油脂可能作为一种新的食用油，也可能在进行深加工后，生产一些替代油脂或化工原料。湖北紫荆种子油脂的开发可以实现变废为宝。

2.3 药用

2.3.1 化学成分

目前，已报道的紫荆属植物化学成分并不多，其中以黄铜类为主，还含有少量的酚酸类、二苯乙烯类、木脂素类以及其他类化合物。在本属植物中紫荆的化学成分研究的较多，从中分到的化合物多具有抗氧化、消炎、抗衰老等活性。

2.3.2 药理作用

紫荆浑身是"宝"。紫荆的树皮、根皮、木质部以及果均可药用，具有活血、通淋、消肿解毒等功效。紫荆木主治妇女痛经、淋病，紫荆皮可治喉咙肿痛、跌打损伤及蛇虫咬伤。据《中药大辞典》记载，紫荆的花具有清热凉血、祛风解毒的功效。

2.3.3 木材

'四季春1号'为落叶大乔木，其木材材质优良，坚重致密，韧性好。抗腐性好，可供建筑及家具用材。

左图：湖北紫荆新品种培育中叶片方面的可能性

右图：湖北紫荆新品种培育中树形方面的可能性

3 三产：观光旅游

　　紫荆属植物虽然只有 9 个树种，却涵盖了大乔木、中小乔木和大小灌木等多种类型，可以塑造不同的园林层次，形成群落上、中、下互为结构、物种相互独立而各自具有其生态位的完整的人工植物群落。

　　此外，紫荆属还拥有几十个花色繁多、叶色丰富、树形多样的园艺栽培品种，在湖北紫荆的新品种研发上，国内一些优秀的企业也已经走在了世界前列。可以预见，以湖北紫荆新品种为主体树种打造的花阴大道以及紫荆专类园、紫荆花海等紫荆类园林作品将在未来的公园城市和美丽中国建设中有所作为。

左 3 图：湖北紫荆新品种的最小叶片
中图：湖北紫荆的木材

第二节 湖北紫荆新品种天然产物研发项目探索

湖北紫荆花量繁多，色泽鲜艳，赏心悦目。中医上将紫荆（属）花用于治疗风湿骨痛、鼻中疳疮。民间也有将紫荆干花泡茶饮用的习惯。紫荆花年产量在100吨以上，以往仅作观赏用，其落花废弃，利用极少，湖北紫荆的花量更大、花期更长同样未被开发利用。又因其具有一定的药用价值，其红色素提取工艺已经有了初步的研究。是很有潜力开发作为花茶的良好材料，与番红花、玫瑰茄相似的以观色及保健功能兼具的新型花茶产品。如经过推广开发极具开发利用价值。同时对湖北紫荆花为花茶的窨茶加工干燥工艺进行优化，为开发紫荆花茶产品提供理论依据和技术支持。

油脂是人类食品的三大主要成分之一，它不仅是很好的热量来源，而且含有人体不能合成的一定要摄取自食物以维持健康的必需脂肪酸，如亚油酸等。各种油品的营养价值主要取决于脂肪酸的组成，特别是人体必需脂肪酸的含量。油脂对人类健康影响的重要作用，引导人们去不断开发新油源。紫荆属植物种类丰富，分布较广，药用历史悠久。而豆科植物是很好的油料植物，是包含油脂植物种类的优势科。有关湖北紫荆种油的研究未见报道。本研究以河南四季春园林

艺术工程有限公司湖北紫荆新品种种子为原料研究种子的营养成分，并进一步测定了种子油的理化性质，对脂肪酸成分分析。以期开发湖北紫荆资源，带动湖北紫荆树种的更新和改良，对加快湖北紫荆林业加工产业链的延伸，提高企业经济效益，具有重要意义。

1 项目目的

本项目对湖北紫荆花的基本营养组分进行测定，并对内含物中所含的活性物质进行定性及定量分析。运用化工吸附机理及食品感官评价等方法为研究手段，以湖北紫荆花与绿茶红茶混合，制作花茶，以感官、色差、总酚等为评价指标，对紫荆花的干燥工艺进行优化，为湖北紫荆花茶研发提供理论依据；同时，为丰富花茶品类，促进鲜花资源的开发提供技术支撑。

目前有关湖北紫荆种子主要成分，及脂肪酸组成分析未见报道。分析其常规营养成分，并采取索氏提取法对湖北紫荆种子油脂进行提取，并于液相色谱分析了脂肪酸的组成，这对该植物种子的经济价值进行评价，为开发利用紫荆属生物资源提供理论依据。

2 目前的技术现状

目前，国内对湖北紫荆的研究还处于园林观赏性评价和田间栽培管理研究阶段，其深层次的湖北紫荆花内含物测定、花茶制作、种子油脂提取及脂肪酸测定都未见报道。而有关紫荆的化学成分研究较多，对于紫荆花的研究大致包括紫荆花红色素提取、黄酮类化合物药理作用、化学元素含量三大方面的研究。陈志红以紫荆干燥花粉为材料，采用醇提工艺得到的紫荆花总黄酮含量为9.094mg/g；徐美奕等对紫荆花进行醇提纯化后的总黄酮得率为0.5346%；超声提取法近年来引起广泛关注，袁玲用超声水提鲜紫荆花总黄酮，含量为3.73mg/g与前者结果相当。目前已研究的紫荆花红色素提取方法有乙醇提取法、微波技术提取法、超声波提取法、打孔吸附树脂纯化工艺研究等。有关紫荆花内含物的研究方法、工艺多样并不断得到优化，至今研究技术趋于成熟，提取效果比较理想。这对于我们测定湖北紫荆花内含物含量提供了很好的技术基础。

有关湖北紫荆的花茶的研究技术及种油提取技术还未见报道，但所涉及的技术关键在其他植物上都较为成熟，本项目可以在借鉴同科或同属植物相关技术的基础上，根据湖北紫荆特性进行改进和优化。

3 国内外发展的趋势

3.1 特色花茶新品需求和开发

传统花茶又称熏花茶、香花茶、香片，属于再加工茶类，是由芳香鲜花和精致茶叶窨制而成。而随着人们对健康合理饮茶及对功能保健要求的提升，饮片的种类不断增加，而其中新型的花茶正在丰富传统花茶的种类。而彩花茶作为以观色、观形以及保健功能为主打的新型花茶产品，独树一帜，极大丰富了传统花茶的品相和功能，在市场上深受消费者的欢迎，但种类较为单一，生产加工技术传统，无法批量标准化生产。

我国花茶产生的历史悠久且生产消费地域广泛。始于宋朝初期，发展于明清，1890年前后，尤以福州盛产花茶，畅销华北各地。中华人民共和国成立后花茶生产发展迅速，有11个南方省（自治区、直辖市）为主产区，14个北方省（自治区、直辖市）为主销区。至20世纪80年代，花茶产区遍及全国产茶区，销售与消费也遍及全国。90年代以后花茶生产集中于广西、云南等省（自治区、直辖市），实现了规模化生产，其消费也遍及全国城乡市场，成为中国消费量最大的茶类。20世纪50、60、70、80至90年代花茶产销量分别为0.37t、3.33t、3.79t、7.62t和18.79t，而21世纪初及10年代却出现了先降后升的波折。现今市场覆盖全国，并出口远销日本、东南亚、欧美等40多个国家。可以预计未来花茶仍是我国最主要的产销茶类，花茶生产具有重要的现实意义。分析花茶产销变化原因，探索花茶产品开发途径是茶叶精深加工的重要研究方向。

特色花茶新产品及其制茶新工艺技术亟需投入开发和研究。我国现主要产销的花茶是茉莉花茶，多数是以绿茶做茶坯与茉莉鲜花窨制而成。近年来，大宗茉莉花茶市场已经处于产品成熟期，销售市场趋于饱和。为了稳定我国传统花茶市场，促进花茶产业的发展，加快花茶新产品研发十分重要。除了要加强花茶窨制技术理论研究，提升大宗传统花茶质量，更重要的是应该加强特种优质花茶新产品的研发，从茶叶资源和香花、彩花资源的利用着手，深入研究茶与茶用户的适制性，广泛发掘我国丰富的茶类和茶用花种类资源，尽可能低丰富花茶品类是发展花茶产业的重要技术途径。目前在大宗花茶产销下降的背景下，加强特种新优湖北紫荆花茶技术的研究，对研发和发展特种花茶产品具有重要的现实意义。

3.2 油料植物的开发和利用

目前我国食用油的发展方向为：①由单一品种到多种混合式的营养油。②专用油脂，如煎炸用油、老年人用油、儿童专用油、某些病人专用油等。从这一角度分析，开发野生木本油料，既可丰富木本食用油的品种，又可在一定程度上缓和人们日益增长的生活需求和供应紧张之间的矛盾。随着人们对油脂产品促进人类健康作用的认识，随

着油脂营养和健康方面的成果迅速增加，人们对油脂、蛋白及相关产品的需求量不断增大，对产品的要求也越来越高，这些都要求油脂科技工作者不断去开发新的油脂资源，以满足人们的需求。

近年来，开发新的植物种油成为热潮，研究者们对多种植物的种子油进行了分析研究。Ahmed E M.等人对芒果籽油的不皂化物进行分析，结果表明甾醇和生育酚含量较高，不饱和脂肪酸含量丰富。Wu S J等人发现奇异果富含 VA、VB、VC 及矿物质，果仁油和果皮油中富含油酸、亚油酸和亚麻酸。有关植物种油研究的报道举不胜举，目前市场上流通的新型油料产品有：橄榄油、核桃油、沙棘油、牡丹油、玫瑰油等。

3.3 存在的关键技术问题

（1）湖北紫荆花药理活性及其对应内含物定性、定量分析以及湖北紫荆黄酮类化合物的体外抗氧化作用研究。

（2）湖北紫荆花茶热风、炒制、微波 3 种干燥方法试制。

（3）感官品质评价体系赋值与评价体系的建立。

（4）种子基本营养成分测定。

（5）种子油脂中脂肪酸的种类及含量测定。

（6）湖北紫荆种油中脂肪酸种类定性、定量分析，及是否可作为油脂植物资源开发利用的综合评价。

1 项目研究思路与原则

湖北紫荆新品种具有花量繁多、花色艳、花期长、结实率高的特点。除可以作为优良的园林观赏树种外，挖掘其花及种子的利用价值。中医上将紫荆（属）花用于治疗风湿骨痛、鼻中疳疮。民间也有将紫荆干花泡茶饮用的习惯。项目预期通过研究和评价湖北紫荆花的基本营养组分，及活性物质的定性及定量分析，研究出以湖北紫荆花与绿茶红茶混合的工艺制作湖北紫荆花茶，并以感官、色差、总酚等为评价指标，对紫荆花的干燥工艺进行优化，为花茶市场增添新型优质产品。同时，通过研究湖北紫荆种子成分，特别是种油含量及种子油脂中不饱和脂肪酸的种类和含量，初步推断湖北紫荆是否可以作为提取食用油的新油料树种，或作为可开发能源植物新树种，为日后湖北紫荆油脂的开发利用提供理论依据和技术支持。

公司所培育的湖北紫荆新品种种子除少量用于繁殖外，大部分种子都因没有合理利用而废弃。湖北紫荆属豆科植物，而豆科是很好的油料植物，是包含油脂植物种类的优势科，大豆和落花生就是重要的油料作物。此外，也有研究报道豆科植物黄香草木犀含油量13.71%，疏叶骆驼刺、胀果甘草、铃铛刺和锦鸡儿种子中不饱和脂肪酸含量都较高，苜蓿、槐树、胡卢巴脂肪酸中不饱和脂肪酸含量达到80%以上，其中人体必需脂肪酸达到65%以上，对于开发油料新品种、研制保健食品，具有潜在的经济价值。因此在豆科湖北紫荆中寻找富含不饱和脂肪酸的新油源是可能的，从其种子中提取的油脂可能作为一种新的食用油，也可能在进行深加工后，生产一些替代油脂或化工原料。湖北紫荆种子油脂的开发可以实现变废为宝。

2 技术路线

3 技术原理

湖北紫荆种子除少量用于繁殖外，大部分都被废弃。项目采用国家标准规定的测定办法，对湖北紫荆种子中蛋白质、脂肪和淀粉进行测量，并对脂肪酸进行定性定量分析，综合评价其是否可作为油脂植物资源开发利用。

湖北紫荆花具有花量大，色泽鲜艳，富含黄酮、红色素、酚类等药用化合物的特点。根据湖北紫荆花的特性，项目研究和评价湖北紫荆花的基本营养成分，运用茶叶感官评价及活性物质分析等方法，以感官、色差、总酚等为评价指标，对湖北紫荆花的干燥工艺进行优化，为花茶市场增添新型优质产品。

4 试验

4.1 湖北紫荆种子基本营养成分测定及脂肪酸种类测定

4.1.1 实验材料

本试验种子材料来自河南四季春园林艺术工程有限公司临颍基地苗圃中湖北紫荆新品种种子，采摘后晒干，于4℃冰箱保存备用。

4.1.2 试验仪器

机械研磨机、筛子、分析天平、滴定仪器、粉碎磨、锥形瓶、回流冷凝装置、容量瓶、抽滤装置、恒温水浴锅、滤纸筒和脱脂棉、抽提器、沸石、干燥器、烘箱、平底金属盘。

4.1.3 试验试剂

硫酸钾、五水硫酸铜、二氧化钛、硫酸、石蜡油、N-乙酰苯胺、色氨酸、五氧化二磷、硼酸、指示剂、溴甲酚绿、甲基红、氢氧化钠、硫酸、硫酸铵、糖、淀粉酶溶液、碘溶液、乙醇、盐酸、氢氧化钠、乙醚。

4.1.4 试验方法

蛋白质含量测定：凯式定氮法，参照 GB/T 5511-2008

淀粉含量测定：参照 GB/T5514-2008

种子含油量测定：参照 GB/T14488.1-2008

种油脂肪酸组成分析：参照 GB/T 17376-2008 三甲基氢氧化硫法（TMSH）制备脂肪酸甲酯，气相色谱分析采用峰面积归一法计算各脂肪酸在脂肪酸中的含量。

4.1.5 试验结果及分析

（1）湖北紫荆种子成分测定。结果表明，湖北紫荆种子中蛋白质含量最高，其次为淀粉，油脂含量14%。所谓油料指油脂含量达10%以上，具有制油价值的植物种子和果肉等。显然含油量达到14%的湖北紫荆种子，可以作为油料源，其油料中蕴藏了丰富的天然产物，具有重要的生理活性。如果能充分利用这14%的含油量，将能发挥很大的经济效益。我公司培育的湖北紫荆新品种，花量大，种子产量高，平均每亩湖北紫荆干种子产量在 175kg，乘以 14% 的含油量，每亩产油达 24.5kg，价值一两千元。

如果将郑州市及周边地区的湖北紫荆种子都加以利用，年产值近千万元。

表 11-1 湖北紫荆种子基本营养成分测定值

植物名称	含油量	淀粉	蛋白质
湖北紫荆	14%	36%	44.2%
花生	44.27%~53.86%	9.89%~23.62%	23.96%~33.94%
大豆	20%	22%~35%	27%~50%
葵花籽	18%~22%	12.6%（糖类）	30.4%
菜籽	37.5%~46.3%	——	24.6%~32.4%
橄榄	40%	——	——

湖北紫荆种子中贮藏了丰富的蛋白质和淀粉，蛋白质是植物贮藏器官中的，也是人类需要摄食的主要营养物质之一。其丰富的蛋白质含量符合豆科植物高蛋白的特点，可以考虑作为蛋白质营养品的来源，例如制成蛋白粉或饲料等。

（2）湖北紫荆种子油脂的脂肪酸含量。从表 11-2 可以看出，湖北紫荆种子油脂已确认 8 种脂肪酸，其含量占脂肪酸总量的 98.87%，其主要成分是十八碳不饱和脂肪酸的油酸和亚油酸，不饱和脂肪酸总含量达到了 85.1%，仅次于橄榄油的 90%，显著高于花生、大豆、葵花籽和菜籽。不饱和脂肪酸中亚油酸和亚麻酸是人体必需脂肪酸，湖北紫荆种油中两者含量达到了 69.8%，是 6 种植物油中人体必需脂肪酸含量最高的油脂。

湖北紫荆种油中亚油酸含量最高，达 69.1%，除略低于 48.3%~74.0% 的葵花籽油之外，显著高于花生、大豆、菜籽和橄榄油。亚油酸是人体必需而自身只能通过摄入外界其他物质在人体合成的一种脂肪酸，称必需脂肪酸，也称维生素 F，是细胞的组成成分。亚油酸与脂质代谢关系密切。体内的胆固醇要与脂肪酸结合才能在体内转送进行正常代谢。亚油酸缺乏后，胆固醇转送受阻不能进行正常代谢，就会在体内沉积，最终导致疾病。此外，亚油酸是合成前列素的必须前提，体内缺乏亚油酸，组织形成前列素的能力就会减退。亚油酸还会对 X 射线引起的一些皮肤损伤有保护作用。

表 11-2 湖北紫荆种油与常见植物油脂肪酸成分对比表

指标	碳数及不饱和度	湖北紫荆（%）	花生（%）	大豆（%）	葵花籽（%）	菜籽（%）	橄榄（%）
饱和酸	——	13.77	21	15	11	6	10
不饱和酸	——	85.1	75.6	79.6	83.6	79.9	90
豆蔻酸	C14:0	0.07	ND~0.1	ND~0.2	ND~0.2	ND~0.2	——
棕榈酸	C16:0	8.4	8~14	8~13.5	5.0~7.6	1.5~6	7.5~20
硬脂酸	C18:0	4.8	1~4.5	2.5~5.4	2.7~6.5	0.5~3.1	0.5~5
油酸	C18:1	15.3	35~69	17.7~28	14~39.4	8.0~60	55.0~83
亚油酸 *	C18:2	69.1	13~43	48.9~59	48.3~74	11~23	3.5~21
亚麻酸 *	C18:3	0.7	0.3	5~11	0~0.3	5~13	3.5~21
花生酸	C20:0	0.2	1~2	0.1~0.6	0.1~0.5	ND~3	ND~0.6
木焦油酸	C24:0	0.3	0.5~2.5	ND~0.5	ND~0.5	ND~2	ND~0.2

湖北紫荆种油中含有大量的不饱和脂肪酸和人体必需脂肪酸，说明湖北紫荆可以作为油料资源，对开发我省食用油料新品种、研制保健食品，具有潜在的经济价值。

表 11-3 湖北紫荆油脂脂肪酸的相关百分比比较

植物名称	占总脂肪酸含量	不饱和脂肪酸含量	人体必需脂肪酸含量
湖北紫荆	98.87%	85.1%	69.8%

4.2 湖北紫荆花基本营养成分测定

4.2.1 实验材料

本试验湖北紫荆鲜花来自河南四季春园林艺术工程有限公司临颍基地苗圃中湖北紫荆新品种，将新鲜干净的湖北紫荆花置于阴凉通风处晾干，保存备用。

4.2.2 试验方法

（1）湖北紫荆花蛋白质含量测定。

测定选用国家标准 GB/T 5511-2008，凯氏定氮法。

（2）湖北紫荆花矿物质种类种类及含量测定。

测定选用火焰原子吸收分光光度法。秤取干花 5g 粉碎，置于 250~500ml 定氮瓶中，先加少许使湿润，再加数粒玻璃珠，10~15ml 硝酸 - 高氯酸混合液（4∶1），放置片刻，小火慢慢加热，待作用缓和，放冷。沿瓶壁滴加硝酸 - 高氯酸混合液至有机质分解完全。加大火力，至产生白烟为止。如此处理两次，放冷。将冷后的溶液移入 50ml 容量瓶中，用水洗涤定氮瓶，洗液并入容量瓶中，放冷，加水至刻度混匀。定容后溶液每 10ml 相当于 1g 样品，相当加入硫酸量 1ml。取与消化样品相同量的硝酸 - 高氯混合液和硫酸，按同一方法同时进行空白试验。分析条件见表 11-4。

表 11-4 空气 - 乙炔火焰原子吸收分光光度计标准分析条件

元素	波长（nm）	灯电流（mA）	狭缝长（nm）	乙炔流量（L/min）
K	766.5	10	0.2	2.2
Ca	422.7	10	0.7	2.2
Mg	285.2	6	0.7	1.6
Fe	248.3	30	0.2	2
Zn	213.9	15	0.7	2

（3）湖北紫荆花维生素种类及含量测定。

（4）湖北紫荆花总酚类提取及测定。

（5）湖北紫荆花类黄酮化合物测定及抗氧化能力测定。

湖北紫荆花中类黄酮提取及测定（方法见黄酮类化合物及抗氧化活性研究）及紫荆花黄酮类化合物清除超氧阴离子（O_2^-）的能力测定：

测定方法：参考邻苯三酚自氧化法，取 4.5ml 浓度为 50mmol/L 的 Tris-HCl（pH8.2）缓冲溶液和 4.2ml 双蒸水混合均匀作为自氧化反应体系，取 4.5ml 浓度为 50mmol/L 的 Tris-HCl（pH8.2）缓冲溶液和 4.2ml 不同浓度的黄酮类化合物作为自由基清除反应体系，混合均匀后至 25℃ 水浴保温 20 分钟，取出后立即加入 0.3ml 25℃ 预热的 3mmol/L 邻苯三酚，迅速摇匀后倒入比色皿，以 10mmol/L 的 HCL 溶液作为对照，5 分钟中内在 325nm 下每隔 30 秒测定吸光度，重复 3 次并取平均值，根据下列公式计算线性范围内对邻苯三酚自氧化清除率。

清除率（%）=（$\Delta A_0 - \Delta A_x$）/$\Delta A_0 \times 100$

式中，ΔA_0 和 ΔA_x 分别表示邻苯三酚的自氧化和加入紫荆花提取液后溶液的吸光度随时间的变化值。

紫荆花黄酮类化合物对羟自由基（OH）的清除能力测定：

原理：Fenton 反应产生 ·OH。反应体系中依次加入 0.75 mmol/L 邻二氮菲无水乙醇溶液 1ml、PBS 缓冲液 2.0 ml 和双蒸水 1 ml，充分混合后，加入 0.75 mmol/L $FeSO_4$ 溶液，边加边摇匀，再加入 1.0 ml 0.015% H_2O_2，置于 37℃水浴反应 60 min，以体积比为 1:2 的缓冲液和双蒸水做对照，在 536 nm 测吸光度 A0；然后分别用 1.0ml 双蒸水和不同浓度的样品代替 1.0 ml 0.015% H_2O_2 在 536 nm 处测吸光度 A1 和 A2（以体积比为 1:2:3 的样品、缓冲液和双蒸水为对照）。根据下列公式计算清除率。

清除率（%）=（$A_2 - A_0$）/（$A_1 - A_0$）×100

式中，A_0 为空白对照吸光度，A_1 为不

加 H_2O_2 及黄酮溶液本地吸光度，A_2 为加入黄酮溶液后吸光度。

4.2.3 试验结果

（1）湖北紫荆花中蛋白质含量。

（2）湖北紫荆花中矿物质种类及含量。

表 11-5 湖北紫荆花中五种矿质元素测定结果

元素	测得值（g/kg）
K	36.502
Ca	5.34
Mg	1.134
Fe	0.341
Zn	0.126

试验检测了湖北紫荆花中一些矿质元素的含量，由结果可见元素含量由高到低依次是 K、Ca、Mg、Fe、Zn。

K 元素有助于维持心脏功能，Ca 元素是人体中含量最丰富的元素之一，它在神经、肌肉应激、神经冲动传递等生理过程中起着非常重要的作用。临床上紫荆花用于治疗血小板减少性紫癜，其所含的微量元素与具有凝血功能的血小板中所含有的 Ca、Zn、K 元素等是一致的。

Mg 能促进糖和蛋白质的代谢作用，激活胆碱酯酶、胆碱乙酰化酶、磷酸酶等，镁离子对中枢神经系统有抑制作用。此外其中的 Mg，K 等也可能与 Cr 及 Zn 协同发挥各种生理功能。

Fe 元素是细胞重要的组成成分和多种酶的活化中心，参加血红蛋白和肌红蛋白等的合成，发挥氧的转运及贮存功能。缺乏 Fe 元素可能导致能量代谢障碍、脑血管疾病和集体免疫功能下降。

Zn 含量为 0.126g/kg，Zn 作为超氧化物歧化酶（SOD）的活性成分，可通过抗氧化作用减轻胰岛的炎症反应，抑制巨噬细胞释放细胞因子，减少血清中 NO 等损伤因子的产生，保护胰岛 β 细胞，钙盐能致密毛细血管，减低血管的渗透性，入胃后与胃酸作用，形成可溶性钙盐，对钙离子的吸收，能调节电解质平衡，抑制神经肌肉的兴奋，因而可用来治疗胃和十二指肠溃疡及盗汗、失眠和眩晕等症。同时还能促进细胞代谢，参与凝血过程，对骨骼的形成、体内酶反应的激活、激素的分泌等有着决定性作用。

由表 11-5 可知，湖北紫荆花是 K、Ca、Mg 元素的优良原料。由以上的检测结果和分析可以初步认为，紫荆花的功效与其中丰富的矿质元素含量有关。

（3）湖北紫荆花维生素种类及含量。

（4）湖北紫荆花总酚类含量。多酚类植物广泛存在于自然界中，是植物的次生代谢产物。具有清除机体内自由基、抗脂质氧化、延缓机体衰老、预防心血管疾病、防癌、抗辐射等生物活性功能，试验对湖北紫荆花的总多酚含量进行测定。

（5）湖北紫荆花类黄酮化合物含量及抗氧化能力。湖北紫荆花中黄酮含量（0.54-9.094-14.9mg/g）以芦丁浓度（μg/ml）为横坐标，吸光度为纵坐标，制作标准曲线，如图 1 的回归方程 y=0.0062x+0.0807，r2=0.9995，说明芦丁浓度在 10~100 μg/mL

范围内呈良好的线性关系。在 510nm 处测得样品液的平均吸光度 A=0.419，代入回归方程 y=0.0062x+0.0807，计算稀释 50 倍后样品液的总黄酮含量 c=54.565μg/ml（即 0.055mg/ml）。

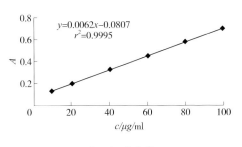

$y=0.0062x-0.0807$
$r^2=0.9995$

芦丁标准曲线

由此计算出紫荆花中总黄酮含量为 9.094mg/g，即紫荆花中总黄酮含量为 0.909%。

总黄铜是广泛分布于植物种子的一大类天然物质，在治疗心血管疾病方面有强心、抗心肌缺血、扩张血管、降压、抗心律失常、降血脂、抗动脉粥样硬化等多种作用，还有清除自由基、抗氧化等生物活性，尤其能有效抑制血小板聚集和防治血栓形成。

从紫荆属植物中分到的黄酮类化合物类型较丰富，包括：黄烷醇、黄酮醇、二氢黄酮、查尔酮类，其中以黄酮醇类居多。

湖北紫荆花黄酮类化合物清除·OH 的能力。

在 Fe^{2+}-H_2O_2- 邻二氮菲体系中，未加 H_2O_2 之前，Fe^{2+} 与邻二氮菲形成红色配合物，加入 H_2O_2 后，Fe^{2+} 减少，配合物颜色变浅，再加入提取液，提取液中所含的黄酮类

化合物与 OH 结合，阻止了羟自由基继续氧化 Fe^{2+}，使得 Amax=536 的吸光度逐渐减弱。本试验在反应体系加入黄酮类化合物后，吸光度受到影响，说明紫荆花黄酮类化合物对 OH 产生了一定的抑制作用。

由左图可以看出，紫荆花黄酮类化合物对 Fenton 体系产生的羟基自由基（·OH）有一定的清除作用。而且其清除作用随着化合物浓度的增加而增加。当黄酮类化合物的浓度在紫荆花黄酮类化合物清除超氧阴离子（O^2.）的能力。

4.3 不同干燥方法湖北紫荆花、茶汤化学成分及感官品质的影响

4.3.1 材料与方法

摘取干净湖北紫荆花朵，剔除花柄，秤取同等重量花朵 3 份，分别采取 3 种不同干燥方式进行干燥。具体干燥方法及参数如下：

热风干燥：将湖北紫荆花按厚度 1cm±0.5cm 摊放在不锈钢盘中，然后将不锈钢盘置于鼓风干燥箱的中部，分别在 60℃、100℃（2 小时）、120℃和 150℃（1 小时）下干燥，烘至恒重。

炒制干燥：将湖北紫荆花放入直径为 30cm 的电炒锅中，物料厚度为 1cm±0.5cm。将锅置于电磁炉上，分别在 90℃、120℃、150℃和 180℃下进行茶叶炒制，炒至恒重。

微波干燥：将湖北紫荆花按厚度 1cm±0.5cm 铺放在钢化玻璃盘中放入微波炉，进行中火（3 分钟）和高火（1 分钟）试验，直至样品恒重。

处理后，将不同干燥处理的湖北紫荆花

茶于低温干燥通风处对样品进行化学成分检测和感官评定。

4.3.2 仪器与试剂

烘箱、全自动色差计、气质联用仪、紫外 - 可见分光光度计；福林 - 酚试剂、无水硫酸钠、氯化钠、正己烷、纯净水、旋转蒸发仪。

4.3.3 茶汤制备及感官评价方法

茶汤制备 茶汤现泡现测，茶汤炮制方法如下：干燥的湖北紫荆花 3g 置于玻璃茶壶中，用 200ml 沸水冲泡，盖上盖子后静置 5 分钟，将茶水倒入白色瓷杯中，观察瓷杯中茶叶汤色、嗅杯中茶气、品茶汤滋味。请 10 位评茶人员分别对湖北紫荆花茶的外形、汤色、香气、滋味、整碎度和叶底进行评分。依据《GB/T23776-2009 茶叶感官审评方法》中的规定，给予每个品质相应的权重后进行加权平均，作为感官评定的数据。绿茶评审各品质因子的权重分别为：外形 25%、汤色 10%、香气 25%、滋味 30%、叶底 10%。对感官评定得分进行方差分析，得出不同处理间的差异性，分析各干燥工艺对湖北紫荆花茶感官的影响。

茶汤总黄酮含量测定。

茶汤总酚含量测定 取 1ml 茶汤，无水乙醇超声抽取 3 小时，离心，定容至 50ml 容量瓶中。取 1ml 乙醇提取液于 25ml 容量瓶中，加入 1ml 1mol/L 福林酚试剂，5 分钟后加入 5min 5% 的碳酸钠，并定容至 25ml，暗处静置 1 小时后在 760nm 处进行测定。

4.3.4 不同干燥方法下湖北紫荆花化学成分检测

（1）总黄酮含量测定。将不同干燥方式的湖北紫荆花茶，磨碎后各秤取 3g，加 30ml 乙醇，80℃下水浴加热回流 2 次，每次 2 小时。过滤合并滤液，用旋转蒸发仪浓缩至 10ml 备用，即紫荆花供试品溶液，浓度为 3g/10ml。绘制芦丁标准曲线，得出回归方程及相关系数。吸取 50 倍稀释后的样品提取液 5ml 置于 10ml 容量瓶中，按标准曲线的制备方法测定其吸光度 A，由回归方程计算该测定液中总黄酮的含量 c（mg/ml），则紫荆花中总黄酮含量（mg/g）=c×10ml×50/3g。

（2）总酚含量测定。将不同干燥方式的湖北紫荆花茶，磨碎后各称取 0.5g，用无水乙醇超声抽取 3 小时，离心，定容至 50ml 容量瓶中。取 1ml 乙醇提取液于 25ml 容量瓶中，加入 1ml 1mol/L 福林酚试剂，5min 后加入 5% 的碳酸钠，并定容至 25ml，暗处静置 1 小时后在 760nm 处进行测定。

4.3.5 结果与分析（略）

（1）热风干燥对湖北紫荆花茶总酚、总黄酮含量的影响。

（2）炒制干燥对湖北紫荆花茶总酚、总黄酮含量的影响。

（3）微波干燥对湖北紫荆花茶总酚、总黄酮含量的影响。

（4）不同干燥方法对湖北紫荆喝茶感官评分。

表 11-6　不同干燥方法对湖北紫荆喝茶感官评分

干燥方式	温度 / 火候	外形	汤色	香气	滋味	叶底	加权总分
热风干燥	60	0.65	0.43		0.25	0.55	
	100	0.87	0.86		0.46	0.55	
	120	0.87	0.87		0.59	0.55	
	150	0.56	0.92		0.59	0.55	
炒制干燥	90						
	120						
	150						
	180						
微波干燥	中火						
	高火						

5 解决的关键技术问题

（1）湖北紫荆花药理活性及其对应内含物定性、定量分析以及湖北紫荆黄酮类化合物的体外抗氧化作用研究。

（2）湖北紫荆花茶热风、炒制、微波3种干燥方法试制。

（3）感官品质评价体系赋值与评价体系的建立。

（4）种子基本营养成分测定。

（5）种子油脂中脂肪酸的种类及含量测定。

1 经济效益

1.1 作为观赏用效益

湖北紫荆优良新品种生长快，综合观赏价值高，园林应用前景广阔，苗木价格也高，米径 8cm 大苗每株售价 3800元，在工程建设中造价更高。

1.2 作为花茶用效益

郑州市附近的湖北紫荆花年产量在 600吨以上，仅我公司的苗圃就能够满足近 400吨的供给。湖北紫荆鲜花量可满足近 4 个年加工湖北紫荆花茶 500 吨的茶叶加工厂的原料供给，并带动鲜茶收购约 5000 吨。平均每个加工厂实现销售收入 5075 万元到 7000万元，实现利税 823.84 万元，带动农户增收1600 万元。项目建成 2 年后，加工厂年可上缴税金 205.96 万元，投资利税率 48.19%，投资利润率 36.14%，投资收益率 86.03%，盈亏平衡点 10.01%。转移当地农村剩余劳动力 800 人，增收 36 万元，带动种植户 800户种茶园 16000 亩增收 1800 万元。

2 社会效益

2.1 开发一种新能源植物

湖北紫荆种子含油率较高，达到 14%，脂肪酸成分主要为不饱和脂肪酸总含量达到了85.1%，仅次于橄榄油不饱和脂肪酸含量，其中人体必需脂肪酸含量达到了 69.8%，是湖北紫荆、花生、大豆、葵花籽、菜籽、橄榄 6 种植物油中人体必需脂肪酸含量最高的油脂。

湖北紫荆种油中含有大量的不饱和脂肪酸和人体必需脂肪酸，说明湖北紫荆可以作为油脂植物资源开发利用，对开发河南省食用油料新品种、研制保健食品，具有潜在的开发利用价值。

2.2 丰富我国特种花茶品种

长期以来，花茶产品开发思路仅限于对茶坯类型的改变以及对茶坯档次的提升方面，仅 3~5 的特种花茶产品销售。我国现主要产销的花茶是茉莉花茶，多数是以绿茶做茶坯与茉莉鲜花窨制而成。近年来，大宗茉莉花茶市场已经处于产品成熟期，销售市场趋于饱和。为了稳定我国传统花茶市场，促进花茶产业的发展，加快花茶新产品研发十分中重要。湖北紫荆花茶富含黄酮类、酚类、花红素等有效药用成分，是一种具有消炎保健的观色新茶种，该花茶的成功研制，丰富了我国特种花茶品种，也为广大茶叶研究者提供了新思路。

2.3 推进当地农业产业结构调整

项目的实施，有利于发挥地方优势资

源，推进农业产业化经营，极大地促进当地的农村产业结构的调整，带领当地林农走上增收致富的道路。项目年产值 7200 万元，对提高当地农民收入有积极意义。

项目是发展湖北紫荆产业链的重要环节，为下一步湖北紫荆花红色素提取、种油提炼、花茶丰富等加工项目生产提供了理论基础，有利于培育地方特色主导产业，带动当地一二三产业的共同发展，促进包装运输、旅游、服务行业的发展，使城乡经济更活跃，市场更加繁荣。

3 湖北紫荆天然产物研发前景对社会经济发展和科技进步的作用意义

湖北紫荆作为近年来发现的优良观赏性乡土树种，受到行业专家及园林工作者的广泛认同。公司培育的湖北紫荆新品种花期长，花朵大，花色鲜艳，结实率高，被广泛应用到城市绿化中。公司苗圃内栽培 3500 亩湖北紫荆，其产生的大量花果都被废弃，利用极少，其他苗圃的情况也类似。随着我国湖北紫荆栽培面积的逐渐扩大，其花果废弃量也逐渐增加。

现有关紫荆花的研究都局限于紫荆花中某一化学成分的分析，而有关紫荆花全面的系统的研究不多，迄今为止，尚未见紫荆花作为花茶的研究报道。本项目通过对湖北紫荆花内含物进行综合性研究和分析，初步研究出湖北紫荆花茶的制作工艺，并建立了花茶感官品质评价体系，不但将湖北紫荆花合理的利用起来，产生具大的经济效益，还丰富了我国特种花茶品种。20 世纪 50、60、70、80 至 90 年代花茶产销量分别为 0.37 吨、3.33 吨、3.79 吨、7.62 吨、18.79 吨，预计未来 20~30 年花茶将是我国最主要的产销茶类，特种花茶生产具有重要现实意义。该项目技术应用和推广意义重大，市场前景广阔，推广应用条件成熟。

1 湖北紫荆食用油的进一步研究

本项目初步对湖北紫荆种子含油量及油脂主要脂肪酸成分进行了分析和评价，结果表明湖北紫荆含油量较高，且可以作为油脂植物资源开发利用。因其富含不饱和脂肪酸，考虑将其作为一种新型食用油进行下一步研究。

1.1 提取方法的研究

提取方法直接影响出油量及油脂品质，是开发食用油的第一研究要素。目前常用的油脂提取办法有：压榨法、溶剂提取法、水酶法、超声波提取等。压榨法是传统的制油工艺，是大小油脂厂普遍采用的方法；溶剂提取法是利用有机溶剂将油脂从植物油料中提取出来，具有稳定性强，高纯度，价格低廉来源广泛的特点；水酶法是以机械和酶解手段降解植物细胞壁，使油脂得以释放，可以满足食用油生产"安全、高效、绿色"的要求；超声波提取是近年来研究的新技术，应用日益广泛，具有提取率高、速度快且不改变有效成分的优点。在下一步研究中，将分别用以上4种方法对湖北紫荆种子油脂进行提取，并对几种方法的提取结果进行比对，最终选择出最适合湖北紫荆种油提取的方法，从而应用到生产中去。

1.2 油脂品质的研究

对于提取得到的油脂严格按照国家食用油的检验项目及标准，进行油脂脂肪酸甲酯气相色谱分析、折光指数、透明度、酸值、过氧化值等指标的测定，直到所有项目都符合国家食用油标准。同时，对种子油成分进行详细分析，全面研究湖北紫荆种油的营养价值。包括种子油不皂化物、磷脂、类胡萝卜素、甘油酯含量，以及更为详细的脂肪酸成分，例如：亚麻酸中 ω-3 系列的 α-亚麻酸（18:3），和亚油酸中 ω-6 系列的亚油酸（18:2）是功能性脂肪酸研究和开发的主体，是亚麻酸和亚油酸中人体必需脂肪酸的核心物质。

1.3 产品搭配的研究

湖北紫荆种油富含不饱和脂肪酸，可以考虑将其单品作为一种食用油，或者与其他油脂搭配生产营养调和油。脂肪酸合理的比例对生长、发育及疾病防治至关重要。2000年中国营养学会提出来脂肪酸推荐比例，它们是：①饱和脂肪酸（SFA）、单不饱和脂肪酸（MUFA）、多不饱和脂肪酸（PUFA）的质量比值是 1:1:1。②多不饱和脂肪酸中 n-6 和 n-3 的质量比值是（4:6）。但是目前尚没有一种植物油产品的脂肪酸组成是符合但不饱和脂肪酸与多不饱和脂肪酸的质量比为 1 : 1 以及多不饱和脂肪酸中 n-6 与 n-3 的质量比为（4-6）: 1。营养调和油是以大宗食用油为基质油，加入另一种或者一种以上具有功能特性的食用油调配而成。湖北紫荆种子油脂中富含不饱和脂肪酸，可以将其与其他油脂合理搭配以生产营养调和油。

2 湖北紫荆花的进一步研究

2.1 湖北紫荆花红色素的开发及应用

湖北紫荆花量资源丰富，花期长，花色艳丽，色素含量较高，是一种较理想的天然红色素资源，有关紫荆红色素提取、纯化工艺，紫荆红色素理化性质及稳定性，紫荆花红色素体外抗氧化性的研究已有报道。但报道仅限于试验阶段，有关其规模化、标准化的生产及作为商品推广应用方面还鲜见报道。下一步，公司将在前人研究的基础上，进行紫荆红色素商品化生产试验，将这一绿色、环保，又有使用和药用价值的天然色素推向市场。

2.2 湖北紫荆花茶种类的丰富

项目研究出了纯湖北紫荆花茶，实现了湖北紫荆花作为花茶商品的第一步。从湖北紫荆花茶可以衍生出更多的花茶品种，将其分别与绿茶、花茶、花草或者药草结合，从而产生新的花茶品种，实现不同的功效。可以在花茶加工过程中加入其他茶成分，比如：根据湖北紫荆花小、色彩鲜艳的特点，将其与绿茶压制成彩色茶饼或茶块，以增加感官品质；也可以将制成的湖北紫荆花茶与其他茶品按比例配制，最后用小袋分装，形成小包装的袋装茶，比如：1g 湖北紫荆花茶、2g 白头翁、3g 绿茶搭配饮用，有清热凉血功效。

参考文献

向民 , 段一凡 , 向其柏 . 巨紫荆（*Cercis gigantea* Cheng et Keng f.）名称考证及其分类处理 [N]. 南京林业大学学报 (自然科学版)，2018,5,42（3）.

蔡亚晓 . "巨紫荆之父"张林 [J]. 现代园林，2015,12(12):973-976.

潘建利 , 吴银芳 . 珍稀乡土树种巨紫荆及其栽培技术 [N]. 安徽农学通报 ,2012,18(24).

焦自龙 . 谈紫荆族植物的名称乱象问题 [N]. 中国花卉报，2019,6.

焦自龙 . 巨紫荆和'四季春 1 号'它们不一样！ [N]. 中国花卉报 ,2019,3.

焦自龙 . 从苗木三个时代看其未来走向 [N]. 中国花卉报 ,2019,5.

焦自龙 . 谈新品种的景观应用与发展 [N]. 中国花卉报 ,2019,5.

姚忠臣 . 巨紫荆大规格园林用苗培育技术 [J]. 现代农业科技 ,2009,(4):70.

笪红卫 . 巨紫荆的育苗及栽培技术 [J]. 林业科技开发 ,2006,20(6):94.

凌敏 , 杨秀莲 , 王良桂 . 四唑染色法测定巨紫荆种子生活力 [J]. 江苏农业科学 ,2015,43(1):295-297.

李烽 , 梁臣 , 张林 . 巨紫荆砧木苗繁育技术 [J]. 河南林业科技，2008,28(2):102.

张林 , 刘念中 . 巨紫荆优良新品系组织培养快速繁殖技术 [J]. 安徽农业科学 ,2012,40(2)：860-862.

中国数字植物标本馆 [DB/OL].http://www.cvh.ac.cn/search/cercis,2019.

中国植物志 [DB/OL].http://frps.iplant.cn/frps?id= 湖北紫荆 ,2019.

维基百科 [DB/OL].https://en.wikipedia.org/wiki/Main_Page,2019.

百度图片 [DB/OL].http://image.baidu.com/search,2019.